高职高专机电及电气类系列教材

机 械 制 图

（含习题集）

主　编　吕红霞　　吴立波　　陈　亮

副主编　白汀汀　　张淑萍　　赵树国

参　编　王志刚　　高　勇

西安电子科技大学出版社

内 容 简 介

    本书的主要内容有：图样的基本知识、投影理论、组合体、物体常用的表达方法、标准件与常用件、零件图、装配图、制图测绘等。本书配有习题集，其编排顺序与本教材保持一致。

    本书采用最新颁布的《技术制图》与《机械制图》国家标准，并摘取部分国家标准编写在本书附录中，供学习时参考。

    本书既可作为高职高专、成人高校及民办高校机械类和近机类各专业的机械制图课程教材，也可作为有关工程技术人员的参考书。

图书在版编目(CIP)数据

    机械制图(含习题集)/吕红霞，吴立波，陈亮主编. —西安：西安电子科技大学出版社，2013.9(2021.8重印)

    ISBN 978 - 7 - 5606 - 3175 - 2

    Ⅰ. ①机… Ⅱ. ①吕… ②吴… ③陈… Ⅲ. ①机械制图—高等职业教育—教材 Ⅳ. ①TH126

    中国版本图书馆 CIP 数据核字(2013)第 208878 号

策　　划　邵汉平
责任编辑　邵汉平　刘　贝
出版发行　西安电子科技大学出版社(西安市太白南路 2 号)
电　　话　(029)88202421　88201467　　邮　　编　710071
网　　址　www.xduph.com　　　　电子邮箱　xdupfxb001@163.com
经　　销　新华书店
印刷单位　广东虎彩云印刷有限公司
版　　次　2013 年 9 月第 1 版　2021 年 8 月第 2 次印刷
开　　本　787 毫米×1092 毫米　1/16　印张 22
字　　数　386 千字
印　　数　3001～3500 册
定　　价　45.00 元(含习题集)
ISBN 978 - 7 - 5606 - 3175 - 2/TH

XDUP　3467001—2

前　言

　　编者根据教育部制定的《高职高专教育工程制图课程教学基本要求》，结合机械类专业特点和用人企业的要求，依据行业标准和职业标准，以培养学生绘制和阅读工程图样能力为目的，以应用为宗旨，编写了本书。

　　本书的特点如下：

　　(1) 紧密围绕高职教育人才培养目标确定教材内容，正确处理知识与能力的辩证统一关系。基础理论知识深浅适度，重点突出知识的应用和技能的培养，体现了高职教育的准则和人才培养的要求。

　　(2) 本书采用最新颁布的《技术制图》与《机械制图》国家标准，部分国家标准列于本书附录中，供学习时参考。

　　本书由吕红霞、吴立波、陈亮担任主编，白汀汀、张淑萍、赵树国担任副主编，王志刚、高勇参编。具体参加编写的有唐山职业技术学院陈亮(第 1 章)，邯郸职业技术学院白汀汀(第 5 章)、吕红霞(第 2 章)、吴立波(第 7、8 章)，邯郸市机床厂张淑萍(第 3 章)，以及邯郸市包装机械厂王志刚(第 4 章)和高勇(第 6 章)。全书由吕红霞统稿和定稿。

　　由于编者的水平有限，书中难免存在不足之处，恳请广大读者批评指正。

编　者

2013 年 2 月

目　　录

第 1 章 图样的基本知识

图样是设计和生产的重要技术资料。为了科学地进行生产与管理，我国对图样的各个方面都作了统一规定，如视图的安排、尺寸的注法、图纸的幅面、图纸的画法等。这个规定就是制图标准。

项目一 制图的基本规定

我国国家技术监督局于 1959 年颁布了第一套制图国家标准——《机械制图》，随后进行了几次修订。每个工程技术人员必须严格遵守该标准。

GB/T 17451—1998 分别对图幅、比例、字体、图纸和尺寸标注作了规定。"GB/T"为推荐国家标准代号。G 是"国家"汉语拼音的第一个字母，B 是"标准"汉语拼音的第一个字母，T 是"推荐"汉语拼音的第一个字母。"17451"表示标准的编号，"1998"表示该标准于1998 年颁布。

任务 1 图纸的幅面、格式(GB/T 14689—1993)和比例(GB/T 14690—1993)

1. 图纸的幅面和格式

1) 图纸幅面尺寸

图纸幅面是由图纸的长和宽所确定的图纸的大小。绘制技术图样时，应优先采用表 1-1 所规定的基本幅面(共有五种)。

表 1-1 图纸幅面 mm

幅面代号	A0	A1	A2	A3	A4
$B \times L$	841×1189	594×841	420×594	297×420	210×297
e	20			10	
c	10			5	
a	25				

2) 图框格式

在图纸上必须用细实线画出图幅线，用粗实线画出图框线。其格式分为不留装订边和留有装订边两种，同一产品的图样只能采用一种格式。留装订边的图纸，其图框格式如图

1-1 所示；不留装订边的图纸，其图框格式如图 1-2 所示。

3）标题栏

在图框的右下角需有标题栏，方位配置如图 1-1 和图 1-2 所示，标题栏的格式尺寸应按 GB/T 10609.1—1989 的规定。为作图方便建议学生采用图 1-3 所示格式，其外框为粗实线，右边和底边与图框重合。标题栏内分格线为细实线，标题栏中文字方向即为看图方向。

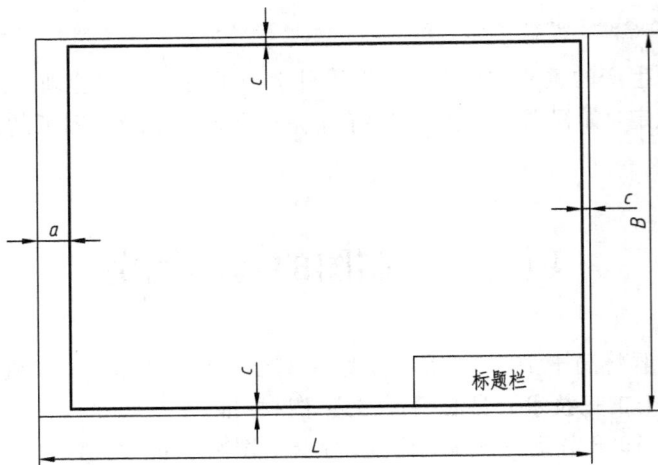

图 1-1 留装订边的图框格式

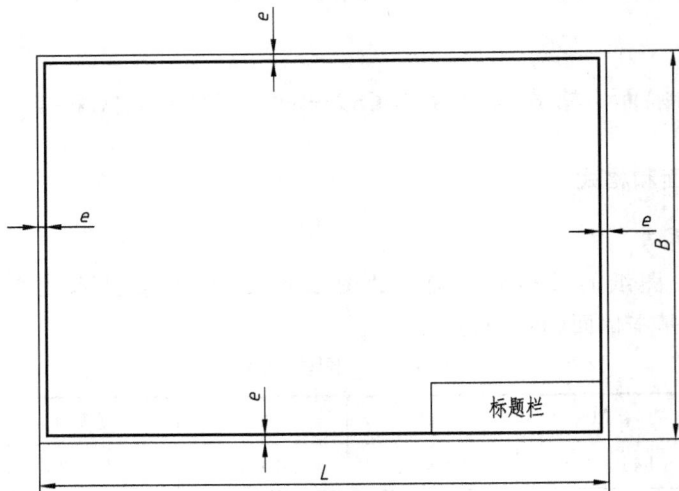

图 1-2 不留装订边的图框格式

2. 比例

比例是图样中的图形与实际机件相应要素的线性尺寸之比，即

比例＝图形长度尺寸：实物相应长度尺寸

需要按比例绘制图样时，应从表 1-2 规定的系列中选取适当的比例。

表 1-2　比　　例

种　类	比　　　　例				
原值比例	1：1				
放大比例	5：1	2：1	5×10^n：1	2×10^n：1	1×10^n：1
缩小比例	1：2	1：5	1：2×10^n	1：5×10^n	1：1×10^n

注：n 为正整数

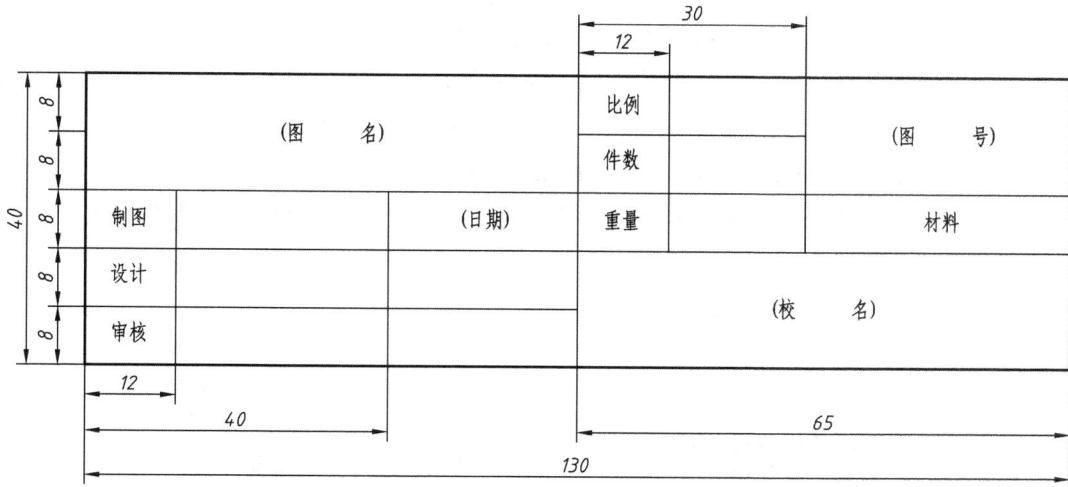

图 1-3　标题栏的格式和尺寸

选用比例时应注意：

第一，首先选用 1：1 比例，这样可从图样上直接反映出空间实物的大小，便于物体的加工、检测；

第二，不论选择缩小或放大比例，图样上所标注的尺寸均为物体的实际尺寸，如图 1-4 所示为采用不同比例画出的图形；

第三，比例一般应标注在标题栏中的比例栏内，局部视图比例则标注在视图的上方，比例符号用"："表示。

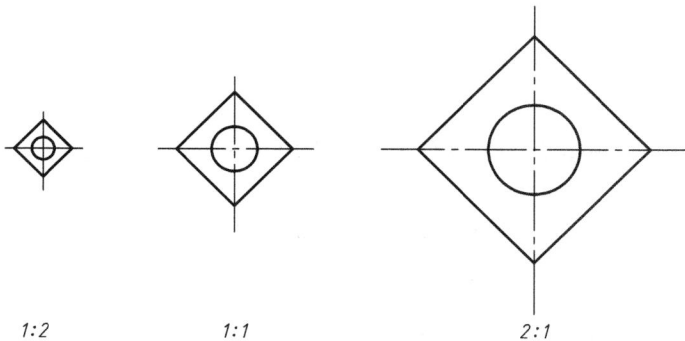

1：2　　　　　　　1：1　　　　　　　2：1

图 1-4　用不同比例画出的图形

任务 2 字体(GB/T 14691—1993)和图线(GB/T 17450—1998、GB/T 4457.4—2002)

1. 字体

1) 基本要求

在图样上除图形外,还需用汉字、数字、字母来说明图样上的各种要求,因此书写时必须做到:字体工整,笔画清楚,间隔均匀,排列整齐。汉字应写成长仿宋体,并应采用中华人民共和国国务院正式公布推行的《汉字简化方案》中规定的简化字。

汉字的字体高度(用 h 表示)的公称尺寸系列为 1.8,2.5,3.5,5,7,10,14,20 mm 八种,其字宽一般为 $h/\sqrt{2}$。如需更大的字,其字体高度应按 $\sqrt{2}$ 比率递增。

字母和数字分 A 型和 B 型,A 型字 $d=h/10$(d 为笔画宽度)。在同一图样上,只允许选用一种型式的字体。字母和数字可写成斜体,斜体字字头向右倾斜与水平基线成 75°。

2) 字体示例

汉字、数字和字母的示例如下:

(1) 仿宋体汉字。

10 号:

字体端正 笔划清楚 排列整齐

7 号:

长仿宋体书写要领

5 号:

横平竖直 注意起落 结构均匀 填满方格

(2) 数字。

正体:

0 1 2 3 4 5 6 7 8 9

斜体:

0 1 2 3 4 5 6 7 8 9

(3) 字母。

大写:

ABCDEFGHIJKLMNOPQRSTUVWXYZ

小写:

abcdefghijklmnopqrstuvwxyz

2. 图线

绘制图样时,应采用表 1-3 中规定的图线。国家标准规定了 15 种基本线型,在机械图样中常用的有八种,粗细线宽的比例为 2:1,如图 1-5 所示。

表 1-3　常用的图线(GB/T 4457.4－2002)

图线名称	线　　型	图线宽度	应　　用
粗实线	——————	d	可见轮廓线、可见过渡线
细实线	————————	$d/2$	尺寸线、尺寸界线、剖面线、重合断面的轮廓线、螺纹牙底线、引出线、分界线
虚线	- - - - - - -	$d/2$	不可见轮廓线、不可见过渡线
细点画线	—·—·—·—·—	$d/2$	轴线、对称线、中心线、齿轮节圆
粗点画线	—·—·—·—	d	有特殊要求的表面表示线
波浪线	∿∿∿	$d/2$	断裂处的边界线、视图与剖视的分界线
双点画线	—··—··—	$d/2$	相邻辅助零件的轮廓线、极限位置的轮廓线、假想投影轮廓线、中断线
双折线	—／—／—	$d/2$	断裂处的边界线

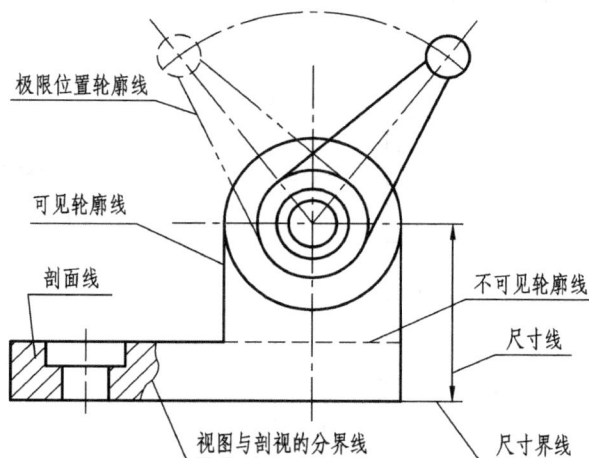

图 1-5　图线的应用

1) 图线尺寸

图线分为粗细两种。粗线宽度 d 应按图的大小和复杂程度,在 0.5～2 mm 之间选择,细线宽度为 $d/2$。

图线宽度系列为:0.13,0.18,0.25,0.35,0.5,0.7,1,1.4,2 mm,粗线宽度通常采用 $d=0.5$ mm 或 0.7 mm。

2）图线画法

同一图线中，同类图线的宽度应基本一致。虚线、点画线及双点画线的线段长度和间隔应各自大致相等。实际绘图时，图线首、末两端应是画，不应为点；图线相交时，交点应为画，不应为点或间隔；虚线是实线的延长线时，虚线应留出间隔。画圆的中心线时，圆心应是画的交点，点画线的两端超出轮廓线 2～5 mm；当圆的直径较小时（直径小于 12 mm），可用细实线代替点画线，如图 1－6 所示。

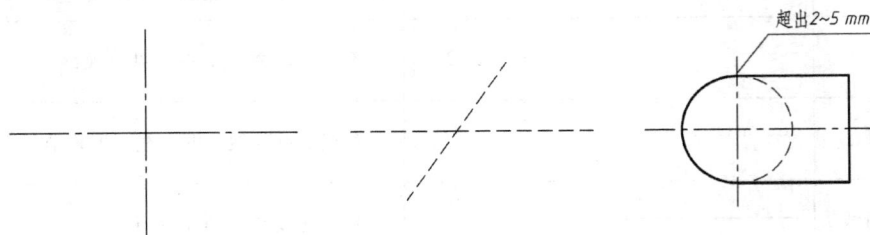

图 1－6　图线画法

任务3　尺寸标注

图样中的图形只能表示一个物体的形状，要加工制造它还应知道它的尺寸。

1. 尺寸标注的组成

完整的尺寸标注一般由尺寸界线、尺寸线、尺寸数字和箭头组成，如图 1－7 所示。

（1）箭头的画法：箭头表示尺寸的起止，其尖端应与尺寸界线相接，其画法如图 1－8 所示。

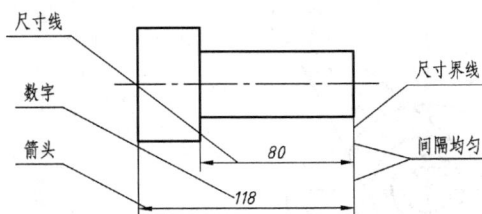

图 1－7　尺寸标注的组成

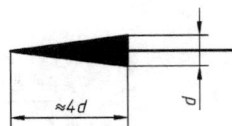

图 1－8　箭头画法

（2）尺寸线：

① 尺寸线必须用细实线绘出（见图 1－9(b)）；

② 轮廓线、中心线及其延长线不可作尺寸线（见图 1－9）；

③ 标直线尺寸时，尺寸线必须与所标注的线段平行（见图 1－7）；

④ 小尺寸在里，大尺寸在外（见图 1－7）。

（3）尺寸界线：表示尺寸所注的范围。

① 尺寸界线必须用细实线画出（见图 1－9）；

② 轮廓线、中心线及其延长线可作尺寸界线（见图 1－9）；

③ 尺寸界线与尺寸线垂直（见图 1－9）；

④ 光滑过渡标注尺寸时，用细实线将轮廓线延长，从交点处引出尺寸线，如脸盆（见图 1－10）。

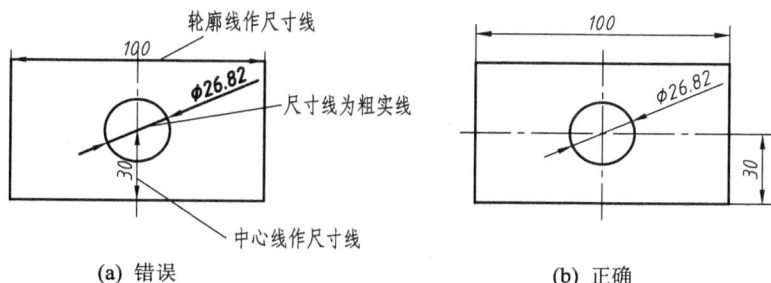

图 1-9　尺寸线和尺寸界线

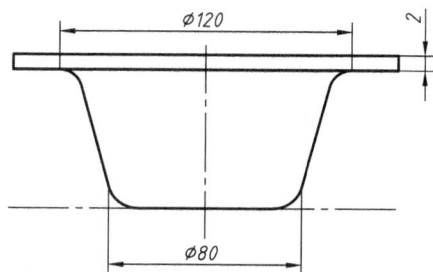

图 1-10　脸盆

（4）尺寸数字：

① 一般放在尺寸线的上方或中断处，如图 1-11(a)所示；

② 数字填写方向如图 1-11(a)所示，应避免在 30°内填写，如不能避免时，可采用如图1-11(b)所示的方式；

③ 同一张图样上，数字和箭头大小相同；

④ 数字不允许被任何图线通过，当不可避免时，必须把图线断开，如图 1-11(c)所示。

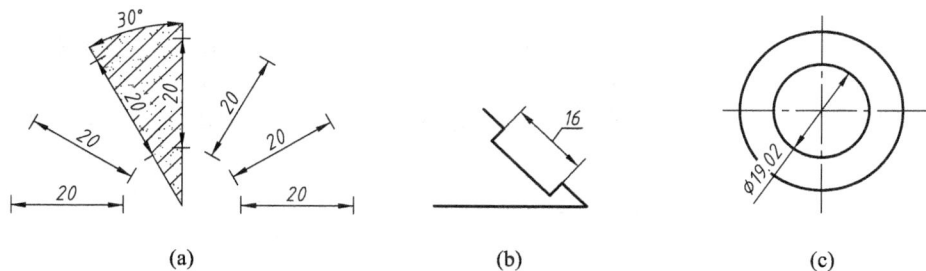

图 1-11　尺寸数字

2. 标注尺寸的规则

（1）物体的真实大小应以图样上所注尺寸数值为依据，与图形比例和绘图的精度无关。

（2）尺寸单位为 mm，不需注明，若采用其他单位（如°、inch、cm、m 等），则必须注明名称。

（3）每一个尺寸只标注一次，且要标注在反映该结构最清晰的视图上。

3．常用尺寸标注

常用尺寸标注如表 1-4 所示。

表 1-4　常用尺寸标注

项　　目	图　　例	说　　明
圆的尺寸标注	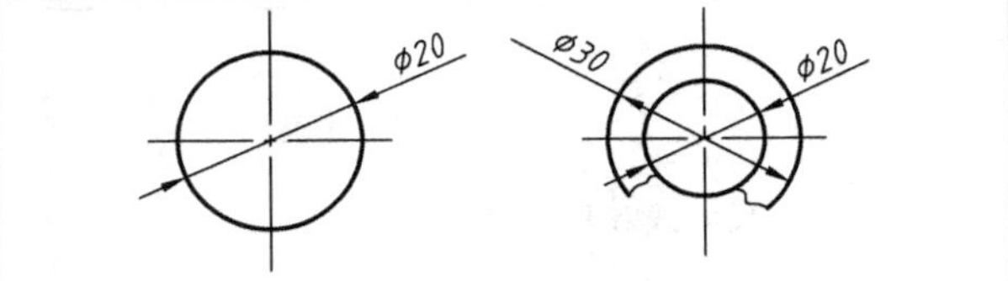	圆或大于半圆的弧，标注直径，以圆或圆弧轮廓为尺寸界线，尺寸线通过圆心，数字前加"ϕ"
圆弧的尺寸标注	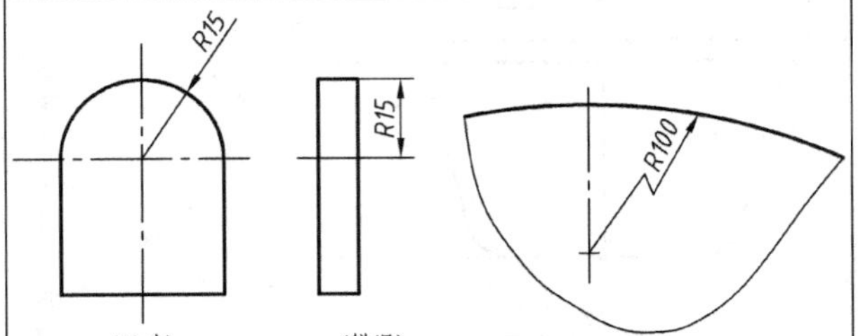 　（正确）（a）　（错误）（b）　（c）	半圆或小于半圆的弧，标注半径尺寸线，从圆心出发指向圆轮廓线，数字前加"R" 　　当圆弧半径过大或在图纸范围内无法标出其圆心位置时，按图（c）形式标注
球面的尺寸标注	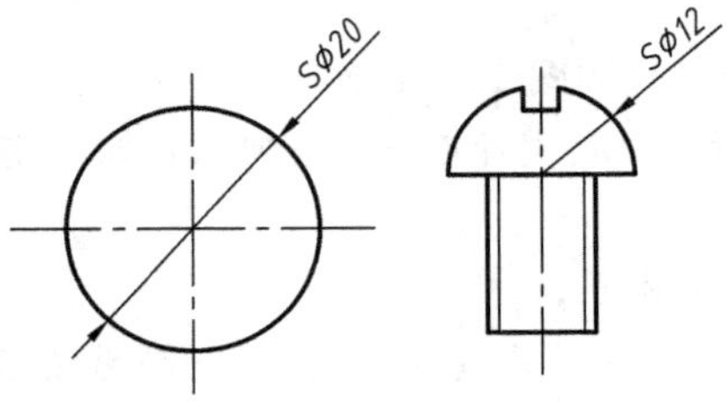	标注球的直径或半径时，应在符号"ϕ"或"R"前加"S"
角度的尺寸标注	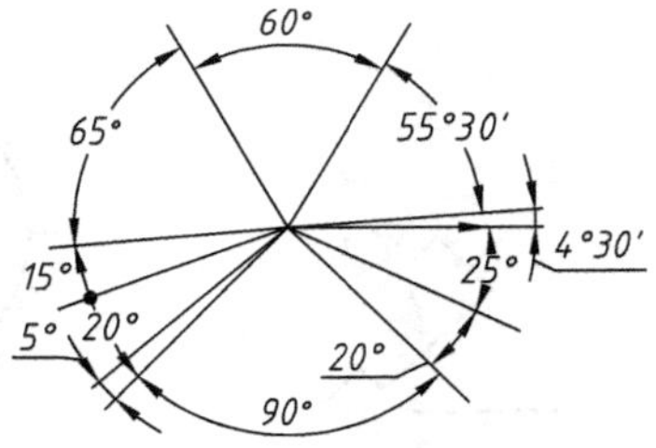	标注时，尺寸界线沿径向引出，尺寸线为以角顶点为圆心的圆弧，数字一律水平书写，一般注在尺寸线的中断处，必要时可按左图标注。角度尺寸必须注明单位
小尺寸的标注	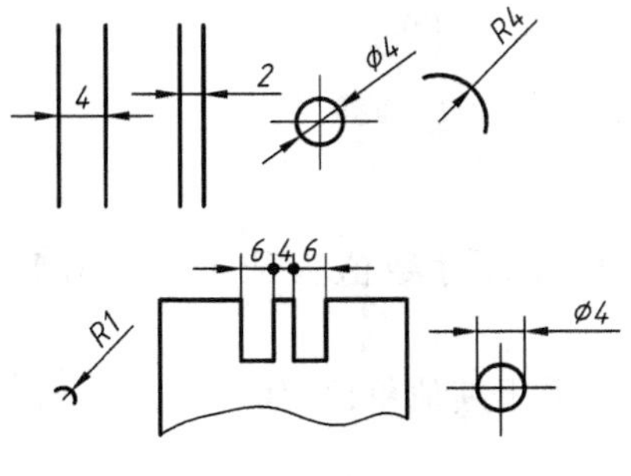	当没有足够位置画箭头或写数字时，可按左图标注

项目二　绘图工具的使用

常用绘图工具包括图板、丁字尺、三角板、圆规和铅笔等，要绘制出一张完美的图样，必须熟练掌握绘图工具的使用。常用绘图工具见表 1-5。

表 1-5　常用绘图工具

名　称	图　示	说　明
图板	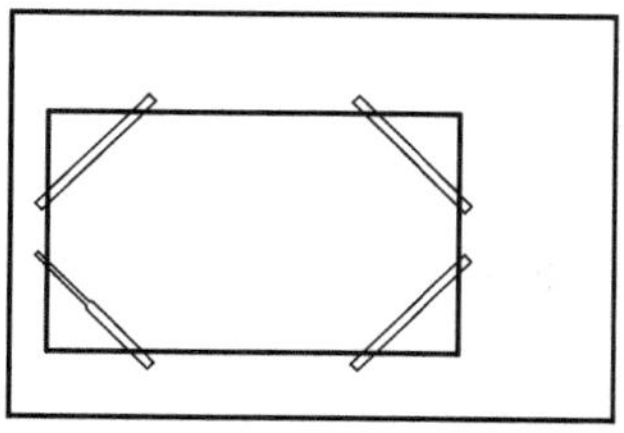	图板主要用于固定图纸，要求表面光滑，左边平直
丁字尺与三角板	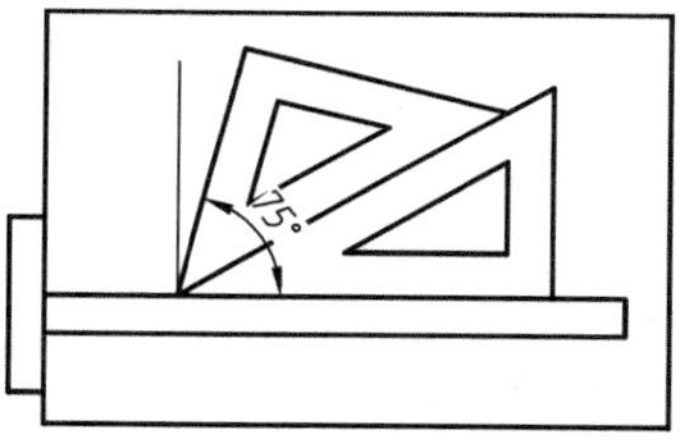	丁字尺尺头靠在图板左边，上下移动画水平线，与三角板配合画 $n×15°$ 线或垂直线
圆规和分规	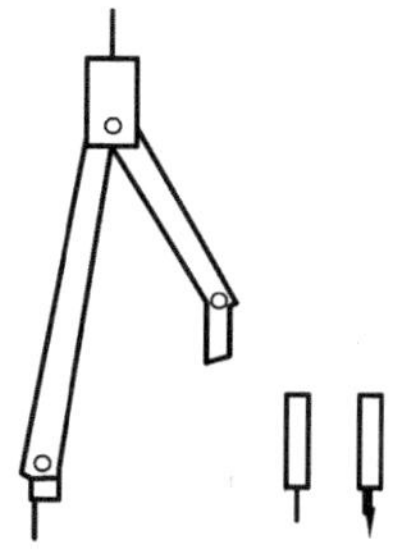	圆规主要用于画圆，画圆时必须保证针尖与底面垂直，分规主要用于截取尺寸、等分线段
铅笔	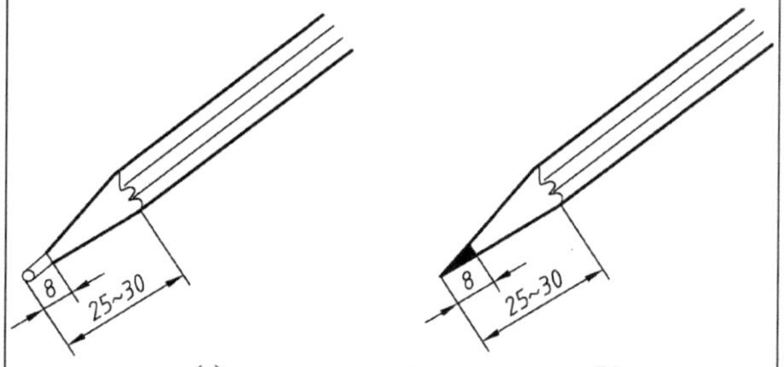	常用的铅笔型号为 2B、B、HB、H、2H。2B 和 B 用于画粗实线，如图（a）所示；HB、H、2H 用于画细实线，如图（b）所示。H、B 表示铅芯的硬和软

项目三 几 何 作 图

物体的形状由各种几何形体组成，表达物体轮廓形状的图形由一些几何图形组成。基本几何作图方法有线段等分、圆周等分、斜度、锥度、圆弧连接、椭圆画法等。

任务1 线段等分和圆周等分

1. 线段等分

例1 已知线段 AB，平均分为 n 等份，如图1-12所示。

(1) 过 A 任作直线 AC，用分规任取长度在 AC 上量取 n 等分点 1，2，…，n。

(2) 连接 nB，并过 1，2，…，n 作 nB 的平行线与 AB 相交于 $1'$、$2'$、$3'$、…，$n-1'$，即为 n 等份 AB。

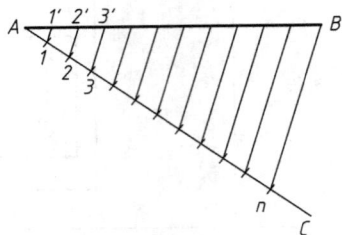

图1-12　线段平分

2. 圆周等分

例2 六等分圆周，如图1-13所示。

(1) 以 A、B 两点为圆心，以 OA 为半径画弧，与圆交于 1、2、3、4 点，即六等分圆周。

(2) 依次连接各点，即为正六边形。

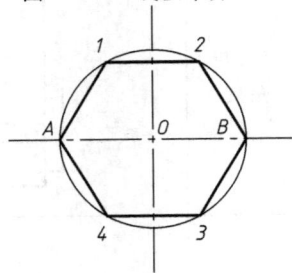

图1-13　六等分圆周

例3 五等分圆周，如图1-14所示。

(1) 作 OB 的垂直平分线与 OB 交于 O_1 点。

(2) 以 O_1 为圆心、O_1D 为半径画弧，交 OA 于 E，以 DE 为弦长在圆周上截取五等份。依次连接，即为正五边形，五等分圆周。

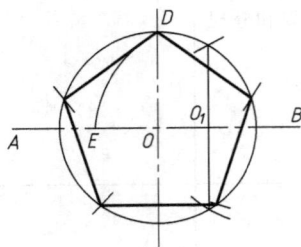

图1-14　五等分圆周

任务2 斜度和锥度

1. 斜度

斜度是指一直线或平面对另一直线或平面倾斜的程度，一般以直角三角形的两直角边的比值表示，并化为 $1:n$ 的形式，如图1-15所示。

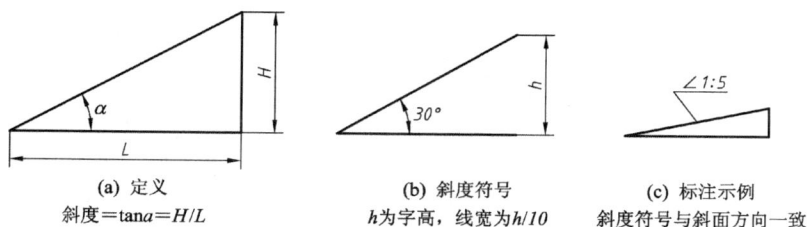

图 1-15　斜度

2. 锥度

锥度是指圆锥的底圆直径与高度之比。若为锥台，则为底圆与顶圆直径差与高度之比，并化为 1∶n 的形式，如图 1-16 所示。

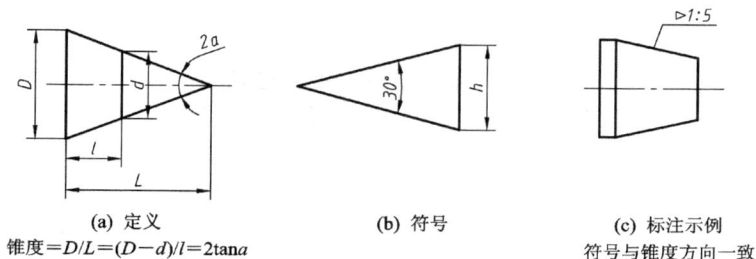

图 1-16　锥度

任务 3　圆弧的连接

所谓圆弧连接，是指用一个已知半径的圆弧光滑连接另外两线段(直线或圆弧)。要想圆弧光滑连接，必使线段在连接处相切，因此作图时必须先求出连接圆弧的圆心和切点位置。

1. 圆心和切点位置的确定

1) 圆与直线相切

半径为 R 的圆 O 与已知直线 AB 相切，则圆心的轨迹是 AB 的平行线，其间距为 R。过圆心 O 向直线 AB 作垂线，其垂足 K 即为切点，如图 1-17 所示。

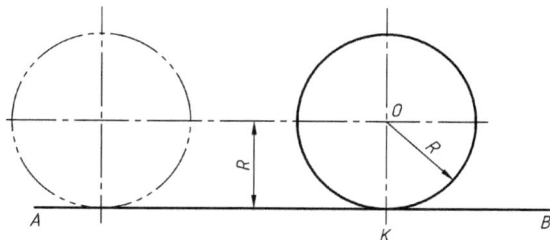

图 1-17　圆与直线相切

2) 圆与圆相切

如图 1-18 所示，半径为 R 的圆 O 与已知圆 O_1(半径为 R_1)相切，圆心轨迹是已知圆 O_1 的同心圆。同心圆半径为：两圆外切时，半径＝$R_1＋R$；两圆内切时，半径＝$R_1－R$。切点是两圆心连线与圆 O_1 的交点 K_0。

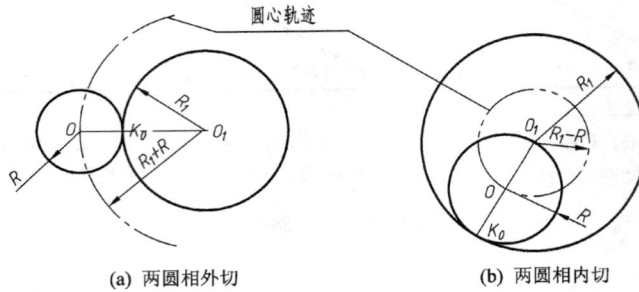

(a) 两圆相外切 (b) 两圆相内切

图 1-18 圆与圆相切

2. 应用

圆弧连接的应用见表 1-6。

表 1-6 圆弧连接的应用

连接形式	已知条件及要求	作 图 步 骤
用圆弧连接两已知直线	已知：直线 AB、CD 要求：用半径为 R 的圆连接两直线 	（1）根据求圆心的方法，分别作 AB 和 CD 的平行线，间距为 R，两平行线的交点即为圆心 O （2）过 O 作 AB 和 CD 的垂线，得切点 M、N （3）以 O 为圆心、R 为半径，在 M、N 方向画弧

续表一

连接 形式	已知条件及要求	作 图 步 骤
用圆弧连接两圆弧（外切）	已知：半径 R_1、R_2 的圆弧 O_1、O_2 要求：作半径为 R 的圆弧与 O_1、O_2 外切 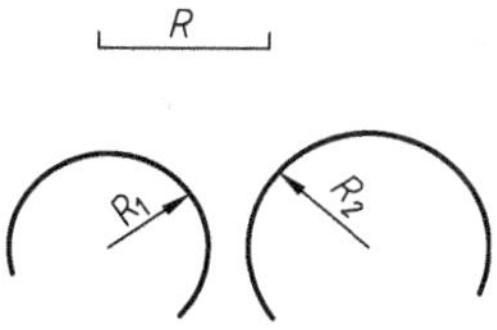	（1）求圆心：以 O_1 为圆心、R_1+R 为半径画弧，以 O_2 为圆心、R_2+R 为半径画弧，两弧交点即为所求圆心 O 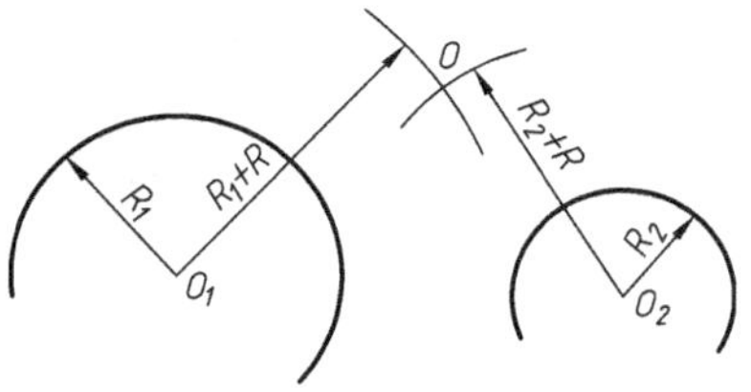 （2）求切点：连接 OO_1 和 OO_2，它们与圆弧 O_1、O_2 的交点 M_1、M_2 即为切点 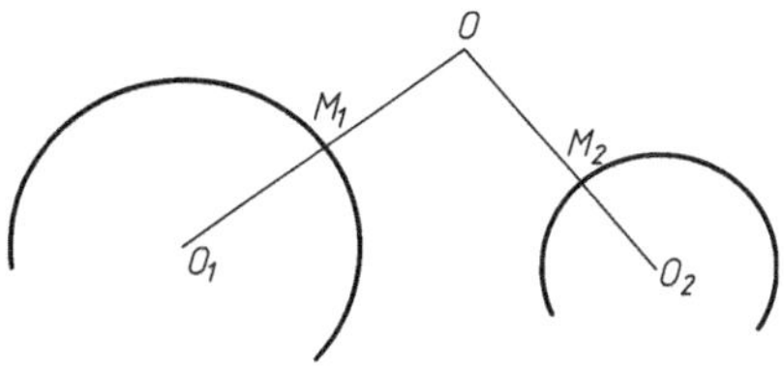 （3）以 O 为圆心、R 为半径，在 M_1、M_2 之间画弧 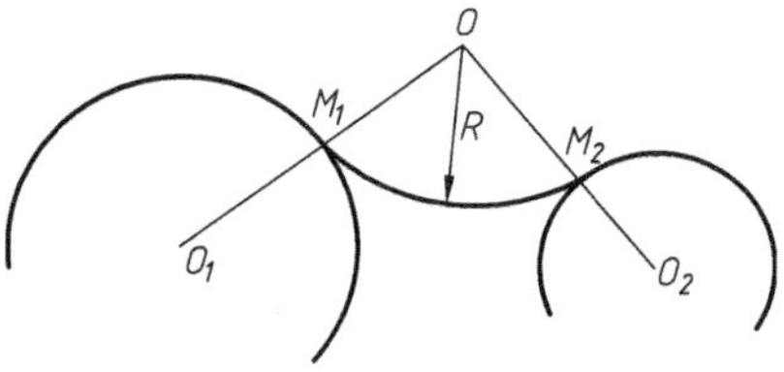
		（1）求圆心：以 O_1 为圆心、$R-R_1$ 为半径画弧，以 O_2 为圆心、$R-R_2$ 为半径画弧，两弧交点即为所求圆心 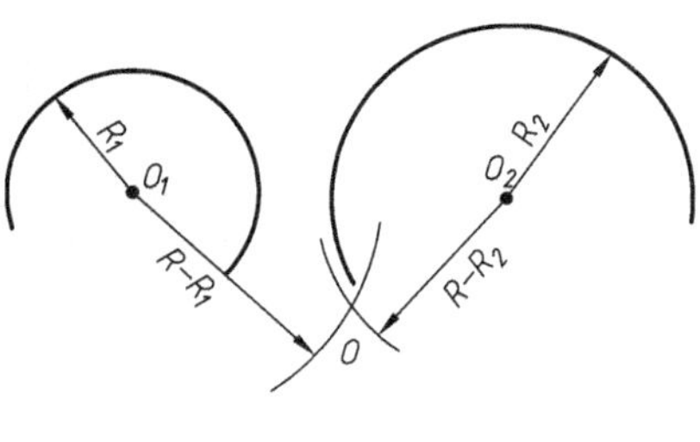

连接形式	已知条件及要求	作图步骤
用圆弧连接两圆弧（内切）	已知：半径 R_1、R_2 的圆弧 O_1、O_2 要求：作半径为 R 的圆弧与 O_1、O_2 内切	（2）求切点：连接 OO_1 和 OO_2，它们的延长线与圆弧 O_1、O_2 的交点 N_1、N_2 即为切点 （3）以 O 为圆心、R 为半径，在 N_1、N_2 之间画弧

任务 4　椭圆的画法

椭圆是我们最常见的平面曲线之一，通常采用近似法即四心圆法绘制椭圆。已知椭圆长轴 AB 和短轴 CD，画法如图 1-19 所示。

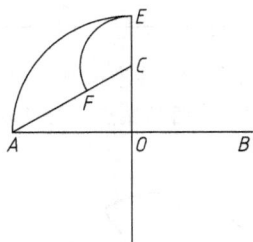

连接 AC，以 O 为圆心、OA 为半径画弧 $\overset{\frown}{AE}$，以 C 为圆心、CE 为半径画弧 $\overset{\frown}{EF}$

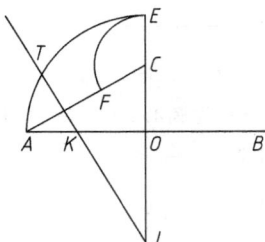

作 AF 的垂直平分线与 AB 交于 K，与 CO 交于 J

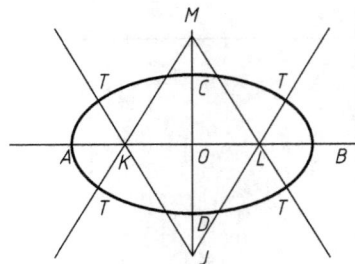

取 $OK=OL$，$OJ=OM$ 得 L、M 点；连接 KJ、MK、ML、JL；分别以 J、M 为圆心、JC 为半径画大弧；以 K、L 为圆心、KA 为半径画小弧，切点 T 位于圆心连线上

图 1-19　椭圆的画法

【项目训练】　吊钩平面图形的绘制

尺寸分析：

（1）定形尺寸：确定各部分形状大小的尺寸，如图 1-20 中除尺寸 6，10，60 外的所有尺寸。

（2）定位尺寸：确定图形各部分之间相对位置的尺寸，如图 1-20 中的 6，10，60。

线段分析：

（1）已知线段——定位、定形尺寸全部注出的线段，即由给定尺寸直线可绘出的线段，如图 1-20 中的 φ27、R32、φ15、φ20 圆弧。

（2）中间线段——注出定形尺寸和一个方向的定位尺寸的线段，如图 1-20 中的 R27、R15。

（3）连接线段——只注出定形尺寸，而未注出定位尺寸的线段，如图 1-20 中的 R3、R28、R40。

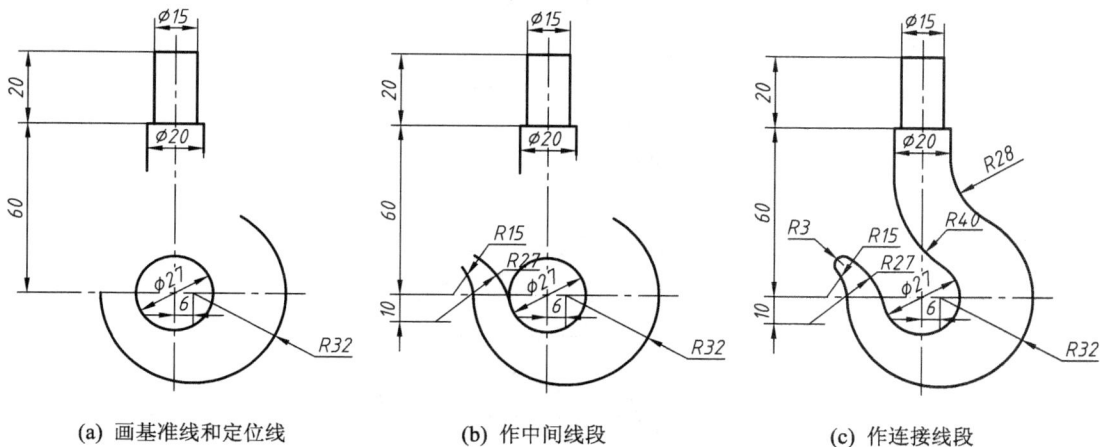

图 1-20　吊钩平面图形

平面图形的画法：试画出图 1-20 所示吊钩的平面图形，作图步骤如图 1-21 所示。

（1）画基准线和定位线，作已知线段 φ15，φ20，φ27，R32。

（2）作中间线段：R27 与 φ27 外切，R15 与 R32 外切。

（3）作连接线段：R28 与 R32 外切，并与 φ20 右直线相切，R40 与 φ27 外切并与 φ20 左直线相切，R3 与 R15 外切并与 R27 内切。

（4）检查：加深，标注尺寸，擦去多余线，补全遗漏线，然后再加深图线，标注尺寸。

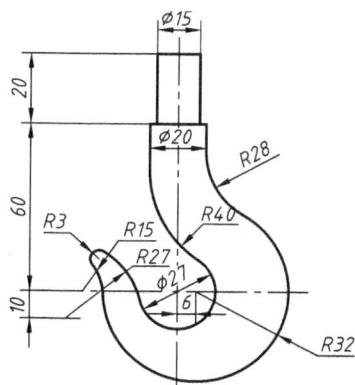

(a) 画基准线和定位线　　　(b) 作中间线段　　　(c) 作连接线段

图 1-21　吊钩平面图形的作图步骤

第 2 章 投 影 理 论

项目一 投影的基本知识

任务 1 投影的基本概念及分类

在日光或灯光的照射下，物体在地上或墙上会产生影子，这个影子叫物体在地面或墙上的投影。经过科学的抽象，就形成了投影法，投影法分为中心投影法和平行投影法。

1. 中心投影法

如图 2-1 所示，S 为日光或灯光，叫光源，又叫投影中心。平面 P 为墙面或地面，叫投影面。$\triangle ABC$ 为空间任意三角形，连接 SA、SC、SB 并延长与平面 P 交于 a、c、b 三点，SA、SC、SB 叫投影连线，$\triangle abc$ 为 $\triangle ABC$ 在平面 P 上的投影。这种投影连线从一个中心点 S 发出的投影法叫中心投影法，所获得的投影叫中心投影。如日常生活中的电影、照相、灯光照物等都是利用了中心投影法实现的。但这种投影法在平面 P 上的投影不能反映空间物体的实形，所以一般很少采用。

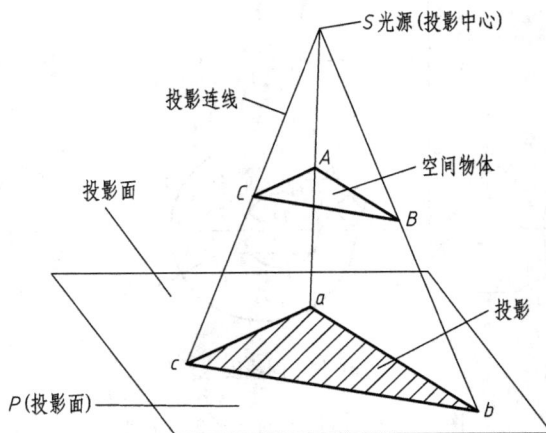

图 2-1 中心投影法

2. 平行投影法

当投影中心 S 移动到无限远处时，投影连线可看做是互相平行的。这样得到空间物体投影的方法叫平行投影法，所得到的投影叫平行投影。平行投影法按投影连线方向与投影面所成的角度不同，又分为斜投影法和正投影法，如图 2-2 所示。

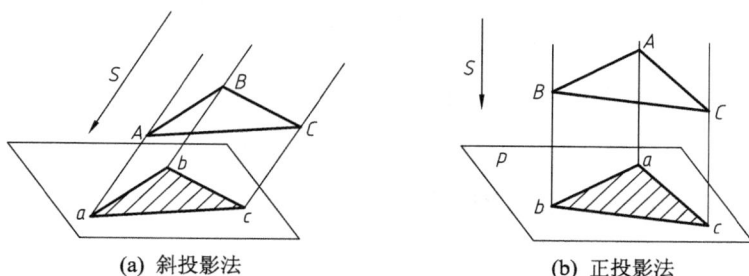

(a) 斜投影法   (b) 正投影法

图 2-2 平行投影法

（1）斜投影法：当投影连线方向与投影面斜交时称为斜投影法，所得到的投影叫斜投影。

（2）正投影法：当投影连线方向与投影面垂直时称为正投影法，所得到的投影叫正投影。

任务 2 正投影法的特性

正投影法具有以下特性：

（1）真实性：当平面（直线）与投影面平行时，它们在投影面上的投影反映实形（实长），如图 2-3(a)所示。

（2）积聚性：当平面（直线）与投影面垂直时，它们在投影面上的投影积聚成直线（点），如图 2-3(b)所示。

（3）类似性：当平面（直线）与投影面倾斜时，它们在投影面上的投影为类似形，如图 2-3(c)所示。

(a) 真实性   (b) 积聚性

(c) 类似性

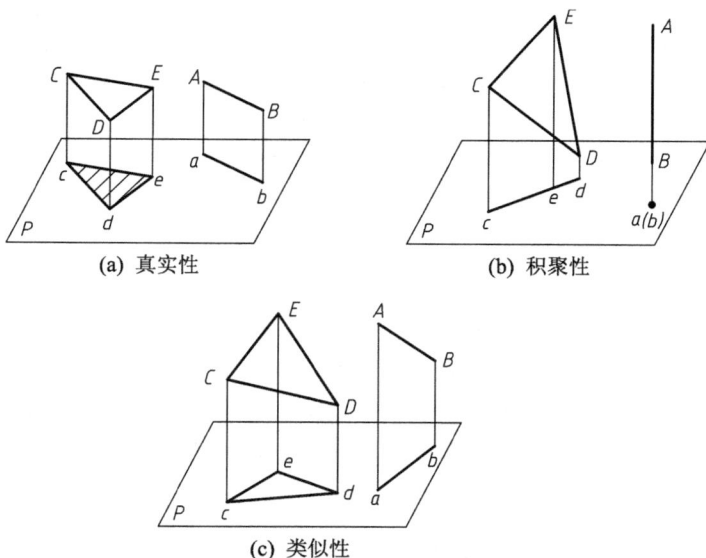

图 2-3 正投影法的特性

正因为正投影法具有以上的特性，并且度量性好，作图简便，所以正投影法应用广泛，本书中的工程图形均采用正投影法绘制。下面所提到的"投影"一般指的是"正投影"。

项目二 点 的 投 影

点是组成空间形体的最基本要素,因此要想获得空间形体的投影,就必须先掌握点的投影规律。

任务 1 点在三面投影体系中的投影

建立三个相互垂直的投影面 V、H、W,如图 2-4(a)所示。V、H、W 分别叫做垂直投影面、水平投影面和侧立投影面。H、V 投影面的交线称为 OX 投影轴,H、W 投影面的交线称为 OY 投影轴,V、W 投影面的交线称为 OZ 投影轴,三个投影轴的交点称为原点 O。

有一空间点 A,分别向 H、V、W 面作垂直于投影面的投影线,投影线与 H 面的交点称为点 A 的水平投影,用 a 表示;投影线与 V 面的交点称为点 A 的正面投影,用 a' 表示;投影线与 W 面的交点称为点 A 的侧面投影,用 a'' 表示。

为使三面投影 a、a'、a'' 画在同一平面上,作出如下规定:

将 H 面绕 OX 轴按图 2-4(a)箭头所示方向旋转 $90°$,使它与 V 面重合;将 W 面绕 OZ 轴按图示方向旋转 $90°$ 与 V 面重合,得到点 A 三投影的投影图,如图 2-4(b)所示。由于图中投影轴 OY 在旋转过程中被一分为二,因此在 H 面上的 Y 轴用 Y_H 表示,在 W 面上的 Y 轴用 Y_W 表示。因为投影面的边界是无限的,所以在画投影图时省略投影面的边框线,如图 2-4(c)所示。

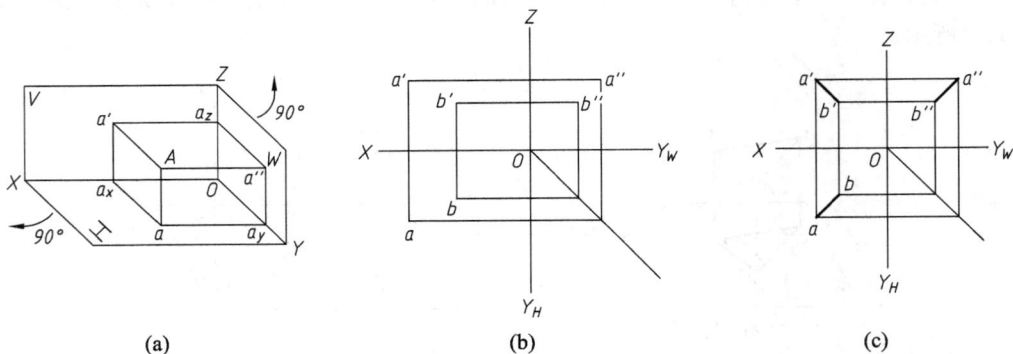

(a) (b) (c)

图 2-4 点在三面投影体系中的投影

通过点的形成过程,可知点的投影具有对应性和度量性。

(1)对应性:点的两面投影连线垂直于相应的投影轴,即 $aa' \perp OX$ 轴。

(2)度量性:点的投影到投影轴的距离等于该点到相应投影面的距离,即 $Aa = a'a_x$。

【任务训练】 点的投影作图

已知点 A 的正面投影 a 和水平投影 a'(见图 2-5(a)),求侧面投影 a''。

作图步骤如下(见图 2-5(b)):

(1)过 a' 作水平线(因为 $a'a'' \perp OZ$)。

(2)过 O 点作 $\angle Y_H O Y_W$ 的 $45°$ 角分线。

(3)过 a 作水平线与角分线相交,过交点作垂线与过 a' 的水平线相交,交点即为 a''。

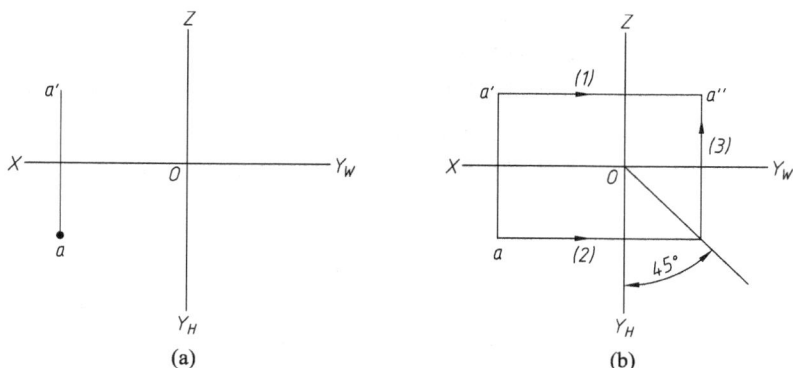

图 2-5 已知点的两投影求第三投影

任务 2 点的坐标与投影

在工程上，有时用坐标法来确定点的位置，把三投影面体系看做直角坐标系，投影轴看做坐标轴，O 点即为坐标原点，X 轴从 O 向左为正，Y 轴从 O 向前为正，Z 轴从 O 向上为正。如图 2-6 所示为空间点 $A(x,y,z)$ 的坐标系图及投影。

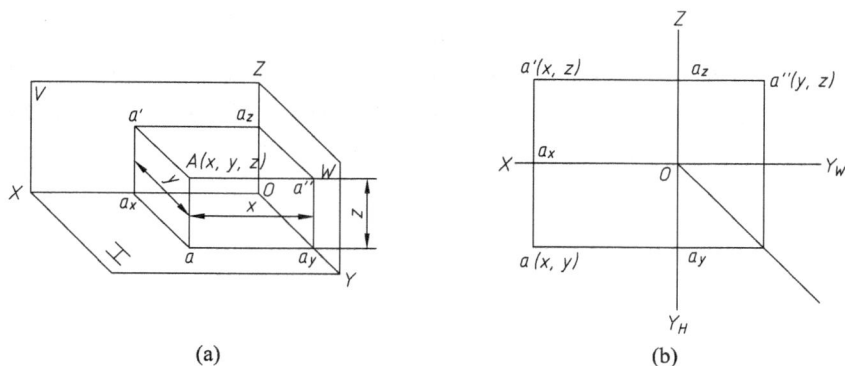

图 2-6 点的坐标与投影

由图 2-6 可知，点的坐标与投影之间的相对关系如下：

(1) A 点到 W 面的距离 $Aa'' = Oa_x = a_z a' = X$ 坐标；

(2) A 点到 V 面的距离 $Aa' = a''a_z = aa_x = Y$ 坐标；

(3) A 点到 H 面的距离 $Aa = a'a_x = a_z O = Z$ 坐标；

(4) 水平投影 a 由 X、Y 坐标确定；

(5) 正面投影 a' 由 X、Z 坐标确定；

(6) 侧面投影 a'' 由 Y、Z 坐标确定。

因此，如果已知某点的坐标 (X,Y,Z)，就可以确定其空间位置及其投影。

【任务训练】 根据点的坐标作点的投影

已知空间点 $A(15,10,5)$，求其三面投影图。

作图步骤如下(见图 2-7):

(1) 画出投影轴,自 O 向左沿 OX 轴量取 $Oa_x = X = 15$,得 a_x。

(2) 过 a_x 作垂直于 OX 轴的投影连线,自 a_x 向上量取 $a_x a' = Z = 5$,得到正面投影 a';自 a_x 向下量取 $a_x a = Y = 10$,得到水平投影 a。

(3) 根据已知点的两投影求第三投影,求得侧面投影 a''。

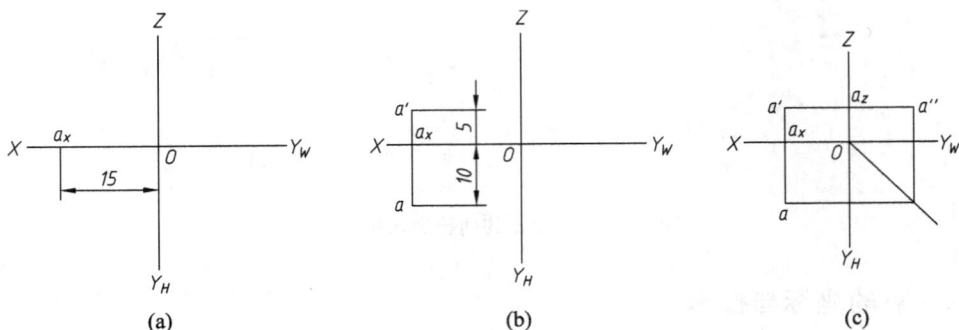

图 2-7 求 A 点的三面投影

任务 3 两点间的相对位置

所谓空间两点的相对位置指的是两点间的上下、前后、左右位置关系,如图 2-8 所示。相对位置的判断:两点的上下位置可根据正面投影、侧面投影及 Z 坐标判断,Z 坐标越大,该点越靠上;两点的前后位置可根据正面投影、水平投影及 X 坐标判断,X 坐标越大,该点越靠左;两点的左右位置可根据侧面投影、水平投影及 Y 坐标判断,Y 坐标越大,该点越靠前。

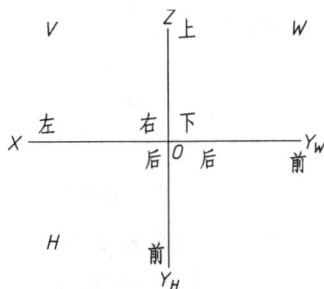

图 2-8 相对位置

【任务训练】 判断点的相对位置

已知点 $A(40,15,0)$、$B(20,30,20)$,试判断 A、B 两点的位置。

解 因为 $Z_B > Z_A$,所以 B 在 A 上;

因为 $X_B < X_A$,所以 B 在 A 右;

因为 $Y_B > Y_A$,所以 B 在 A 前。

项目三 直 线 的 投 影

任务 1 直线的投影

我们知道,空间直线由任意两点来确定,所以直线的投影由直线上任意两点的投影来决定。已知直线 AB 的两端点 A、B 的投影,连接 A、B 的同名投影(用粗实线连接)所得投影即为直线投影,如图 2-9 所示。

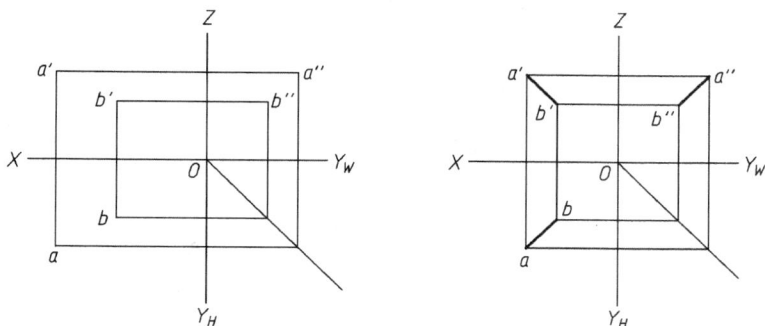

图 2-9 直线的投影

任务 2 点与直线的关系

点与直线间具有以下特性:

(1)从属性:若点在直线上,则点的投影必在直线的同名投影上,否则点在直线外,如图 2-10(a)所示。

(2)定比性:点将直线分割成某一定比例,该点的投影即将该直线的同名投影分割成相同的比例,如图 2-10(b)所示。

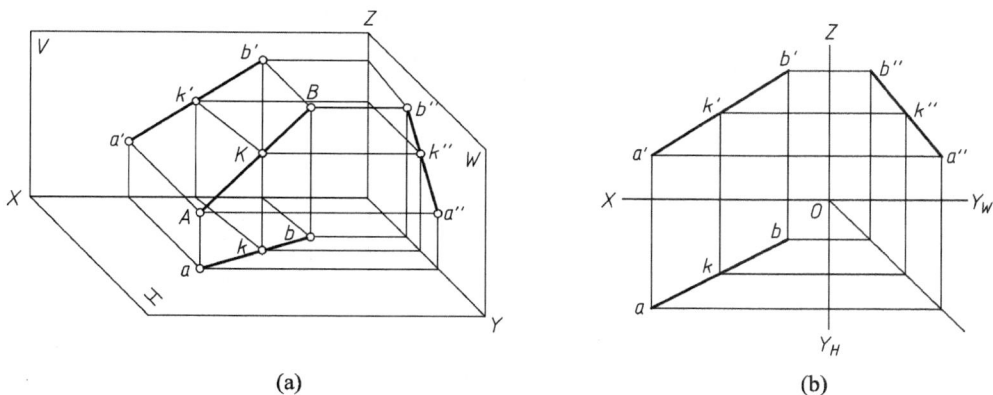

(a)　　　　　　　　　　　　　(b)

图 2-10 直线上的点

【**任务训练**】 判断点的从属关系

例 1 已知线段 AB 的投影，试将 AB 分成 $2:3$ 两份，求 C 的投影，如图 $2-11$ 所示。

解 （1）任作一辅助线 aB_0，将其分成 5 份，定出 C_0 点，使 $aC_0:C_0B=2:3$。

（2）连接 B_0b，过 C_0 作 $C_0c/\!/B_0b$ 得 c。

（3）过 c 作投影连线垂直 ox 轴交 $a'b'$ 于 c'，求得 C 的两投影。

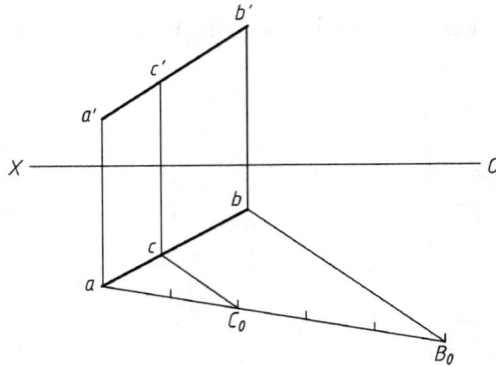

图 $2-11$ 求点的投影

例 2 已知线段 AB 及 K 点的投影，试判断 K 是否在直线 AB 上。

解法 1：由定比性判断，如图 $2-12(a)$ 所示。

将直线 AB 的水平投影 ab 分成两段 ak、kb，将直线 AB 的正面投影 $a'b'$ 分成两段 $a'k'$、$k'b'$，比较 $ak:kb$ 与 $a'k':k'b'$ 是否相等。如果不相等，则 K 点不在直线 AB 上。

解法 2：由从属性判断，如图 $2-12(b)$ 所示。

由 a'、b'、k' 和 a、b、K 求出第三投影 a''、b''、K''，图中 k'' 不在 $a''b''$ 上，不符合点的从属性。所以，K 点不在直线 AB 上。

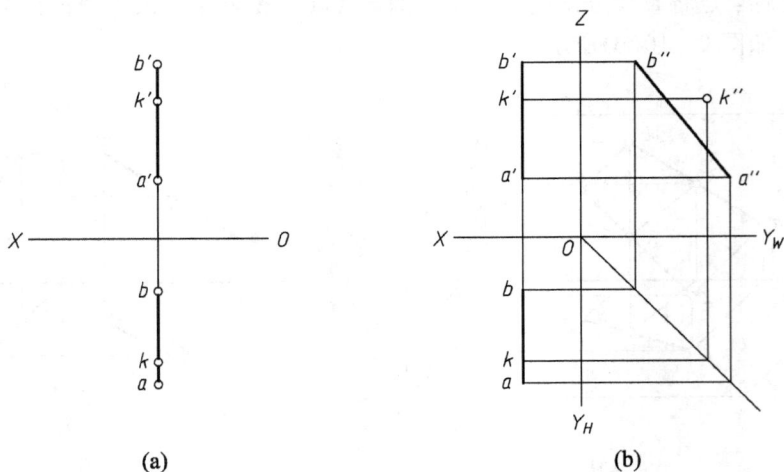

(a) (b)

图 $2-12$ 判断点的从属关系

任务 3　各种位置线的投影特性

空间任一直线在三投影体系中按直线相对于投影面的位置不同,可分为投影面平行线、投影面垂直线和一般位置直线。

1. 投影面平行线

投影面平行线是在三投影面体系中仅平行于某投影面而与其他两投影面倾斜的直线,可分为水平线(平行于 H 面的直线)、正平线(平行于 V 面的直线)和侧平线(平行于 W 面的直线)。其投影特性见表 2-1。

表 2-1　投影面平行线

名称	正 平 线 ($AB//V$)	水 平 线 ($AB//H$)	侧 平 线 ($AB//W$)
直观图			
投影图			
投影特性	(1) $a'b'$=实长; (2) 在 V 面上反映真实倾角 α、γ; (3) $a'b'$ 倾斜于 OX、OZ 轴,$ab//OX$、$a''b''//OZ$	(1) ab=实长; (2) 在 H 面上反映真实倾角 β、γ; (3) ab 倾斜于 OX、OY_H 轴,$a'b'//OX$、$a''b''//OY_W$	(1) $a''b''$=实长; (2) 在 W 面上反映真实倾角 β、α; (3) $a''b''$ 倾斜于 OZ、OY_W 轴,$a'b'//OZ$、$ab//OY_H$

2. 投影面垂直线

投影面垂直线是在三投影面体系中仅垂直于某一投影面而与其余两投影面平行的直线,可分为铅垂线(垂直于 H 面的直线)、正垂线(垂直于 V 面的直线)和侧垂线(垂直于 W 面的直线),其投影特性见表 2-2。

表 2 - 2 投影面垂直线

名称	正 垂 线 ($AB \perp V$)	铅 垂 线 ($AB \perp H$)	侧 垂 线 ($AB \perp W$)
直观图			
投影图			
投影特性	(1) 直线在 V 面上积聚成一点； (2) $ab = a''b''$ =实长； (3) $ab \perp OX$，$a''b'' \perp OZ$	(1) 直线在 H 面上积聚成一点； (2) $a'b' = a''b''$ =实长； (3) $a'b' \perp OX$，$a''b'' \perp OY_W$	(1) 直线在 W 面上积聚成一点； (2) $ab = a'b'$ =实长； (3) $ab \perp OY_H$，$a'b' \perp OZ$

3. 一般位置直线

一般位置直线是指与三个投影面均倾斜的直线。如图 2-13 所示，直线 AB 与 H、V、W 面的夹角分别为 α、β、γ，其投影特性如下：

(1) 三个投影均倾斜于投影轴，且不反映实长。

(2) 各投影与投影轴的夹角不反映实形。

(a)

(b)

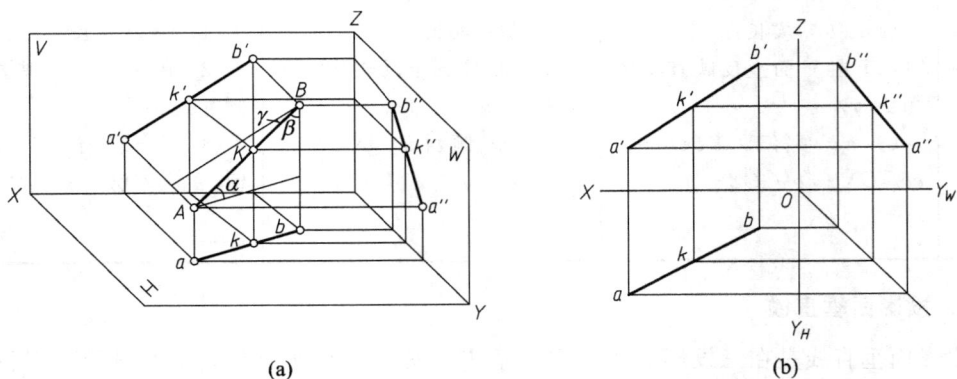

图 2-13 一般位置直线

任务 4　两直线的相对位置

两直线的相对位置有三种：平行、相交、交叉。

1. 两直线平行

若空间两直线相互平行，则两直线的同名投影互相平行，反之亦然，如图 2-14 所示。若 AB 平行于 CD，则水平投影 ab 平行于 cd，正面投影 $a'b'$ 平行于 $c'd'$，侧面投影 $a''b''$ 平行于 $c''d''$，反之亦然。

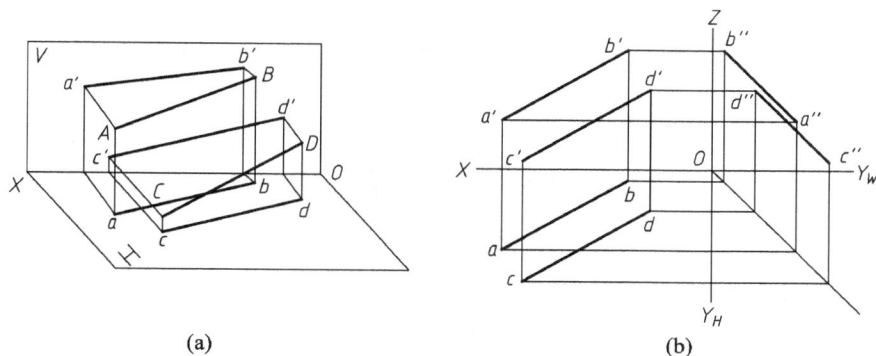

(a)　　　　　　　　　　(b)

图 2-14　两直线平行

2. 两直线相交

空间两直线相交，则它们在各投影面上的同名投影也必然相交，且交点符合点的投影规律，反之亦然。如图 2-15 所示，空间直线 AB、CD 相交于 K 点，则水平投影 ab、cd 相交于 k，正面投影 $a'b'$、$c'd'$ 相交于 k'，侧面投影 $a''b''$、$c''d''$ 相交于 k''，且 k、k'、k'' 符合点的投影规律。

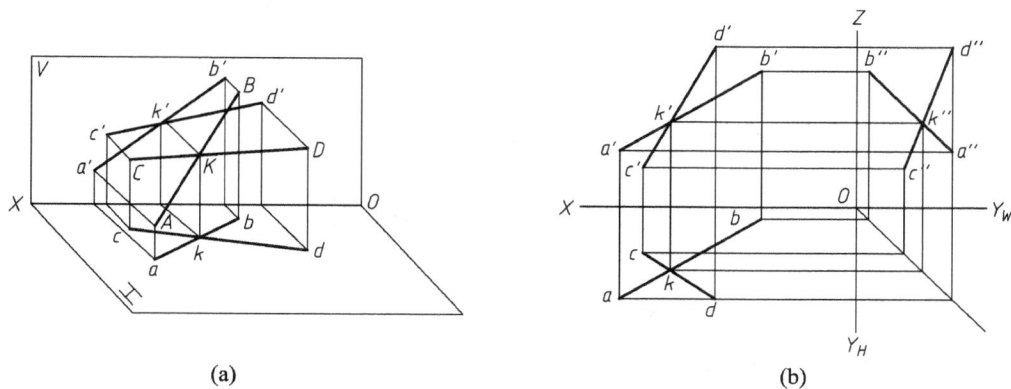

(a)　　　　　　　　　　(b)

图 2-15　两直线相交

3. 两直线交叉

两直线既不平行也不相交时称为两直线交叉或异面，如图 2-16 所示。

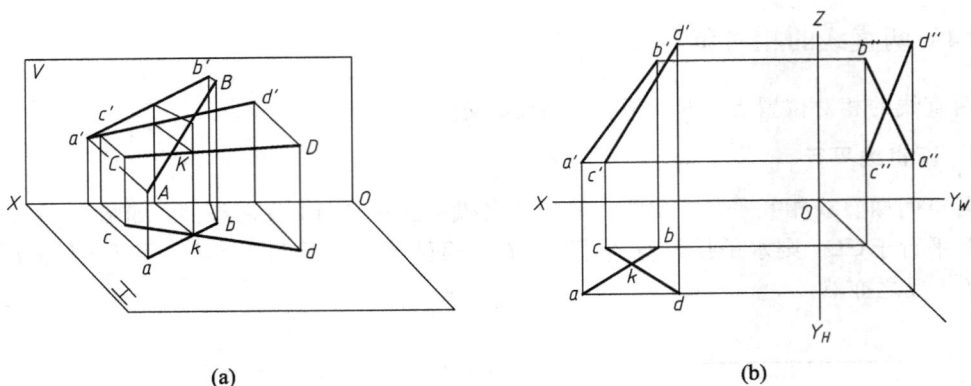

图 2-16　两直线交叉

项目四　平面的投影

任务 1　平面的投影表示法

空间平面的表示方法有以下五种：

（1）不在同一直线上的三点，如图 2-17(a)所示。

（2）一直线和直线外一点，如图 2-17(b)所示。

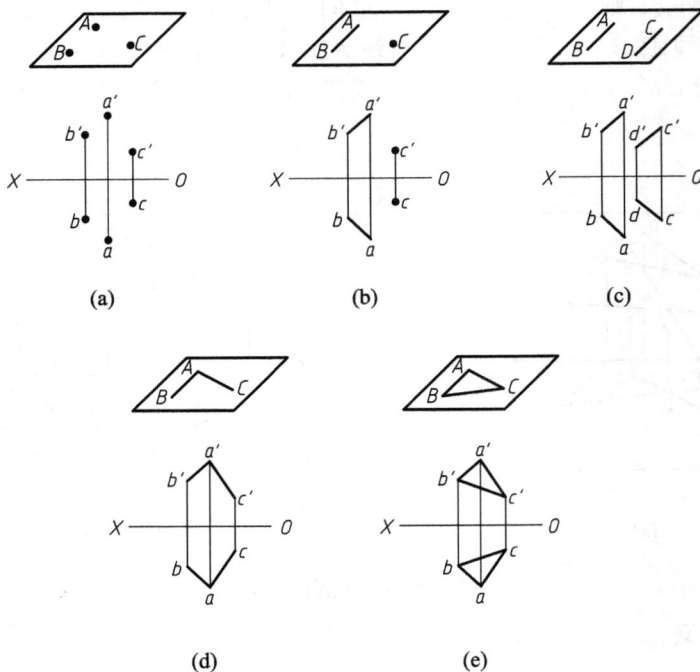

图 2-17　平面的表示法

（3）两平行直线，如图 2-17(c)所示。

（4）两相交直线，如图 2-17(d)所示。

（5）平面任意图形（三角形、四边形等），如图 2-17(e)所示。

对应于这些平面的投影也有五种表示方法，如图 2-17 所示。

任务2　各种位置平面的投影特性

与直线相似，平面在三投影体系中按平面相对于投影面的位置不同可分为投影面垂直面、投影面平行面和一般位置平面。

1. 投影面垂直面

投影面垂直面是垂直于一个投影面、与其他两个投影面倾斜的平面，分为正垂面（垂直于 V 面的平面）、侧垂面（垂直于 W 面的平面）和铅垂面（垂直于 H 面的平面），其投影特性见表 2-3。

表 2-3　投影面垂直面

名称	正 垂 面	铅 垂 面	侧 垂 面
直观图	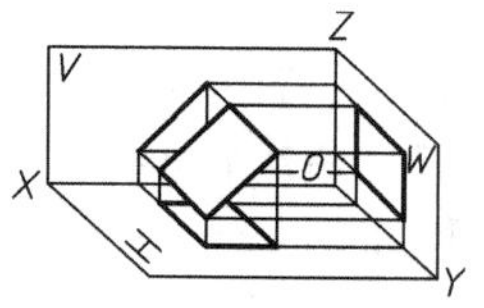	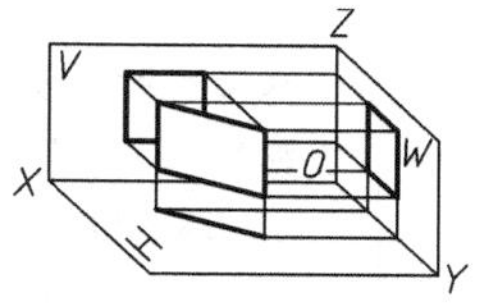	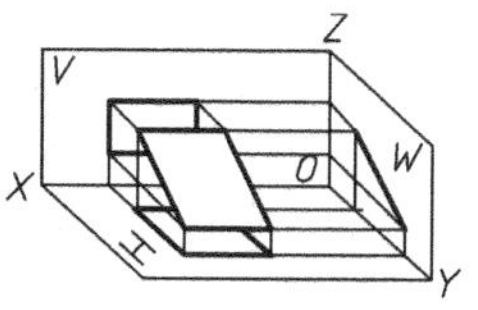
投影图	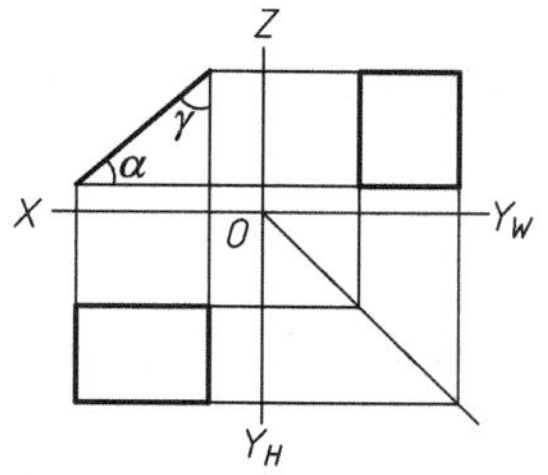	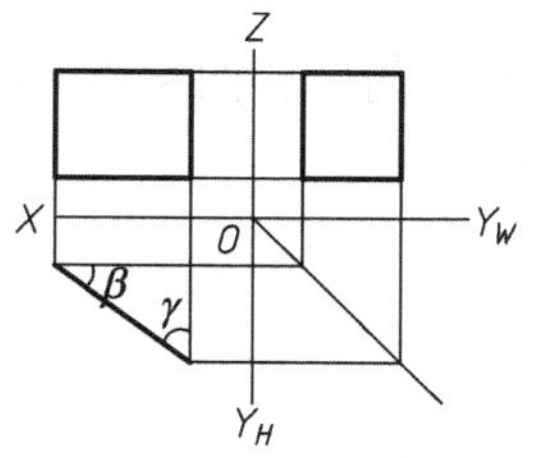	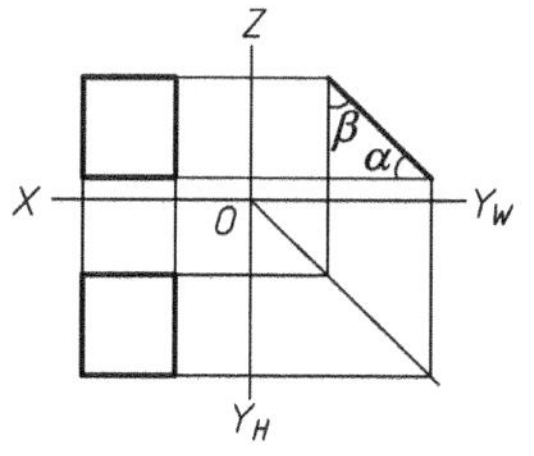
投影特性	正面投影积聚为一直线，且能反映夹角的大小，其他投影为类似形	水平投影积聚为一直线，且能反映夹角的大小，其他投影为类似形	侧面投影积聚为一直线，且能反映夹角的大小，其他投影为类似形

2. 投影面平行面

投影面平行面是平行于一个投影面、与其他两投影面垂直的平面，分为水平面（平行于 H 面的平面）、正平面（平行于 V 面的平面）和侧平面（平行于 W 面的平面），其投影特性见表 2-4。

表 2-4　投影面平行面

名称	正 平 面	水 平 面	侧 平 面
直观图			
投影图			
投影特性	正面投影反映实形，其他两投影积聚为一直线，并分别平行于 OX、OZ 轴，平面与 H、W 的夹角为 $90°$，与 V 面的夹角为 $0°$	水平投影反映实形，其他两投影积聚为一直线，并分别平行于 OX、OY 轴，平面与 V、W 的夹角为 $90°$，与 H 面的夹角为 $0°$	侧面投影反映实形，其他两投影积聚为一直线，并分别平行于 OZ、OY 轴，平面与 H、V 的夹角为 $90°$，与 W 面的夹角为 $0°$

3. 一般位置平面

一般位置平面是与三个投影面均倾斜的平面，如图 2-18 所示，三个投影均具有类似性，与各投影面的夹角均不反映实形。

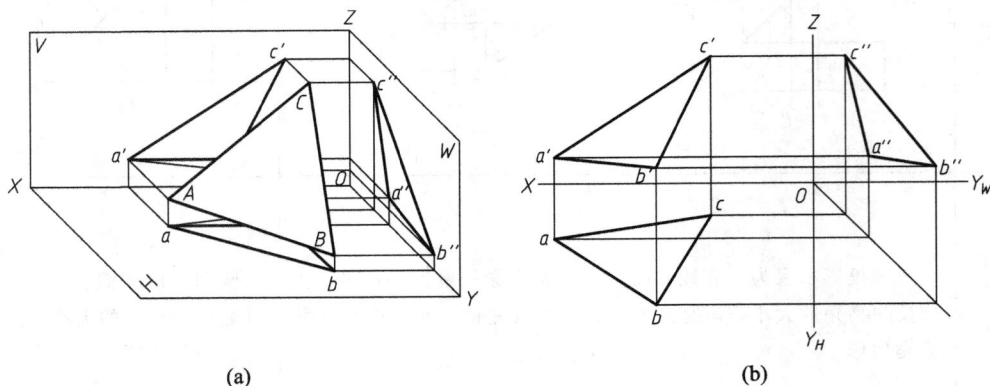

(a)　　　　　　　　　　　　　　(b)

图 2-18　一般位置平面

任务 3　平面上的直线和点

1. 直线在平面内的条件

直线在平面内必须具备下列条件之一：

（1）若直线通过平面上的两点，则直线必在该平面内，如图 2-19(a)所示。

（2）若直线通过平面上一点且平行于平面上另一直线，则直线必在该平面内，如图 2-19(b)所示。

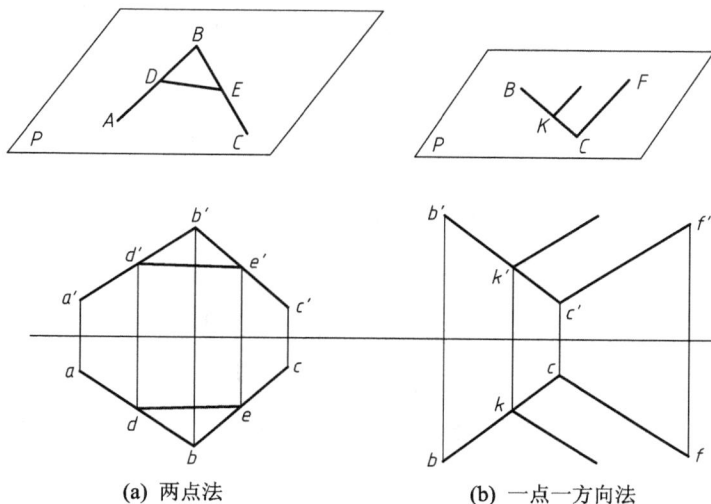

（a）两点法　　　　　　　　　（b）一点一方向法

图 2-19　平面上的直线

2. 平面上的点

因为点在直线上，直线在平面内，要想在平面内取点，必须先在该平面内作直线，再在该直线上取点。

【任务训练】　求平面上点的投影

已知△ABC 上一点 M 的正面投影 m′，求其水平投影。步骤如下：

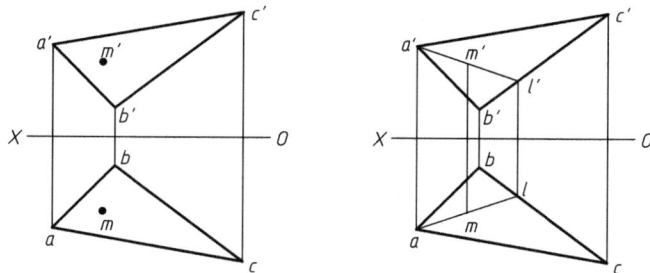

图 2-20　平面内取点

（1）连接 a′m′，交 b′c′于 l′。

（2）根据点的投影规律，作出 l。

（3）连接 al，过 m' 作垂线，交 al 于 m，即为所求。

项目五　物体的三视图

任务 1　视图的概念及形成

如图 2-21 所示，人用视线代替投影线去看物体，在投影面得到一个物体的轮廓图形，这种将物体向投影面投影所得到的图形叫视图。在图 2-21 中物体的长和高反映出来了，但宽度却不能反映，所以一般用一个视图很难反映物体的真实形状，必须用多个视图。

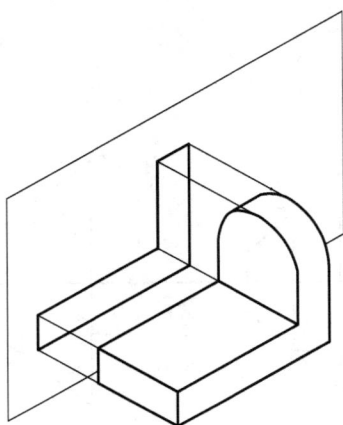

图 2-21　视图的概念

建立一个三面投影体系，将物体放在三投影体系中投影，所得到的图形叫三视图（见图 2-22）：物体在 V 面上的投影叫主视图；物体在 H 面上的投影叫俯视图；物体在 W 面上的投影叫左视图。

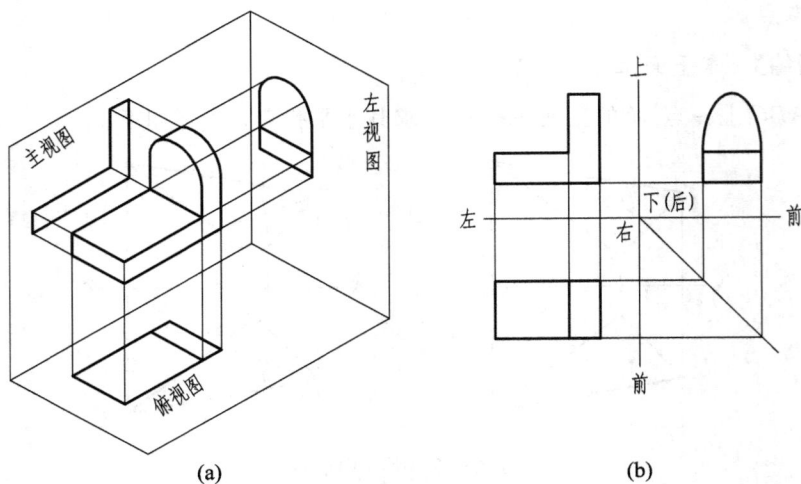

(a)　　　　　　　　(b)

图 2-22　三视图的形成

画图时，主视图不动，左视图像 W 面一样，向后绕 OZ 轴转 $90°$；俯视图像 H 面一样，向下绕 OX 轴转 $90°$。画三视图时，OX、OY、OZ 轴可省去，但仍要保证物体间的相对位置不变，得三视图，如图 $2-22$(b)所示。

任务 2　三视图的投影关系

1. 位置关系

在画三视图时，它们之间的相对位置是确定的，以主视图为准，俯视图在它正下方，左视图在它正右方，如图 $2-22$(b)所示。

2. "三等"规律

绘制三视图时，必须遵守以下"三等"规律：

主、俯视图长对正

主、左视图高平齐

俯、左视图宽相等

3. 方位关系

三视图的方位关系如下：

(1) 主视图上反映出物体的上下、左右关系，即物体的长度和高度；

(2) 俯视图上反映出物体的前后、左右关系，即物体的长度和宽度；

(3) 左视图上反映出物体的前后、上下关系，即物体的高度和宽度，如图 $2-22$(b)所示。

任务 3　三视图的画法及步骤

1. 选好主视图

正放物体，选择最能反映物体形状特征的一面作主视方向，可使作图简单，虚线最少，如图 $2-23$ 所示箭头方向。

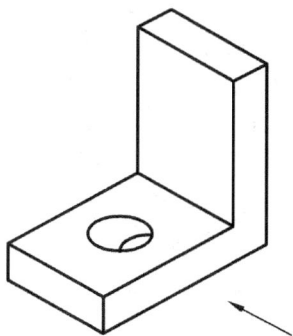

图 $2-23$　主视图方向选择

2. 利用"三等"关系绘制底稿

（1）布图，画长度、宽度、高度方向的基准线（轴线、对称中心线可做基准线，也可用最大平面表示），如图 2-24(a)所示。

（2）将三个视图联系起来画，如图 2-24(b)所示。

3. 检查加深

在进行加深时，必须遵守先曲后直、先粗后细、从上而下、从左到右的原则。

4. 标注尺寸

详见第三章。

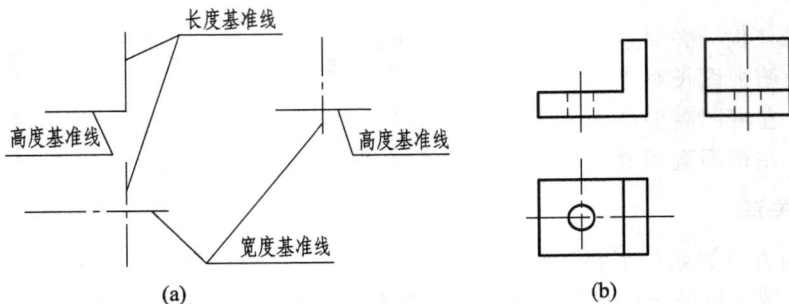

图 2-24　绘制底稿

项目六　基本体的三视图

机械零件无论其结构多么复杂，都可以分解为一些简单形体的组合。例如，图 2-25 所示形体就可分解为两个长方体去掉一个三棱柱和两个圆柱体。这些组成机械零件的单一几何形体叫基本体，它可分为平面立体和曲面立体两大类。在本项目中主要介绍常见平面立体和曲面立体的三视图及在其表面上取点的绘制方法。

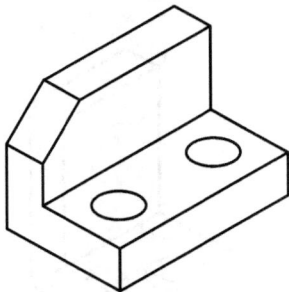

图 2-25　形体零件

任务 1　平面立体

由一组平面组成的立体叫平面立体，如棱柱、棱锥等。由于平面立体由平面组成，所以平面立体的三视图即为组成它的各个平面的投影。

下面以正六棱柱、正三棱锥为例，说明平面立体三视图的求法。

1. 正六棱柱

1）三视图

如图 2－26 所示，正六棱柱由上、下两面及六个侧面组成，上、下两平面为水平面，前、后两侧面为正平面，其余侧面为铅垂面，只要画出这些面的投影即可得到六棱柱的三视图。各平面投影见表 2－5。

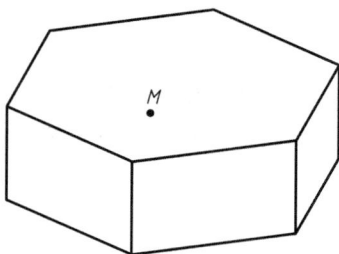

图 2－26 正六棱柱

表 2－5 正六棱柱各平面投影

正六棱柱组成	上下平面	前后侧面	其他侧面
H 面投影	反映实形	积聚成直线	积聚成直线
V 面投影	积聚成直线	反映实形	类似形
W 面投影	积聚成直线	积聚成直线	类似形

由此可得正六棱柱三视图：

（1）先画主视图的中心线和对称线，如图 2－27(a)所示。

（2）画俯视图，如图 2－27(b)所示。

（3）根据三视图的"三等"关系作出主视图和左视图，如图 2－27(c)所示。

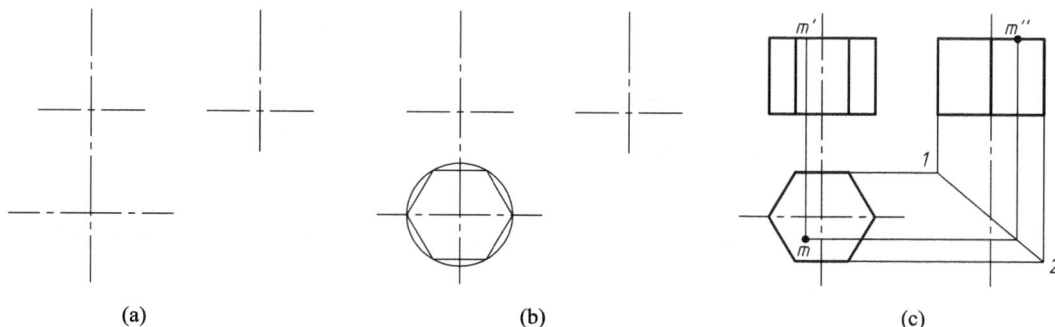

(a)   (b)   (c)

图 2－27 正六棱柱三视图

2）表面取点

若在棱柱表面上找点，则可根据平面上取点的方法求得。如图 2－27(c)所示，在棱柱表面上找一点 M，已知 m，求其他两投影。步骤如下：

（1）找 $45°$ 线（1 点、2 点相连）。

（2）因为 M 在上平面上，m' 应在积聚的直线上，根据点的投影规律找到 m'，再由 m'、m，求得 m''。

（3）判断可见性（不可见点加括号），各投影点均为可见。

原则：点所在平面在该投影面上投影可见，则判断该点在该投影面上的投影可见，否则不可见。

2. 正三棱锥

1）三视图

如图 2 - 28 所示，正三棱锥 $S - ABC$ 由 $\triangle SAB$、$\triangle SBC$、$\triangle SAC$ 和底面 $\triangle ABC$ 组成，其中 $\triangle ABC$ 为水平面，$\triangle SAC$ 为侧垂面，要得到正三棱锥的三视图，只需求出各个平面的投影即可，各平面投影见表 2 - 6。

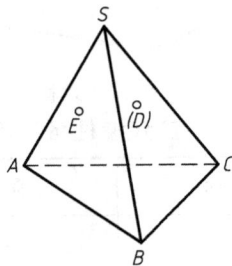

图 2 - 28　正三棱锥

表 2 - 6　正三棱锥各平面投影

正三棱锥组成	$\triangle ABC$	$\triangle SAC$	$\triangle SAB$、$\triangle SBC$
H 面投影	实形	类似形	类似形
V 面投影	积聚成直线	类似形	类似形
W 面投影	积聚成直线	积聚成直线	类似形

由此可得正三棱锥的三视图：

（1）先画三视图的中心线和对称线，如图 2 - 29(a)所示。

（2）画俯视图，如图 2 - 29(b)所示。

（3）根据"三等"关系作出主视图和左视图，如图 2 - 29(c)所示。

2）表面取点

在棱锥表面取点时，可根据平面上取点原则求得，如图 2 - 29 所示，在棱锥表面取点 D、E。已知 e 和 d'，求 e'、e'' 和 d、d''。步骤如下：

（1）找 $45°$ 线（方法同棱柱）。

（2）D 点：因为 D 点在 $\triangle SAC$ 上，$\triangle SAC$ 为侧垂面，W 面积聚成一直线，则 d'' 在此直线上，再由 d' 和 d'' 求 d。

（3）E 点：由平面上取点的原则，在 $\triangle SAB$ 中找到 E 点的三投影。

（4）判别可见性：原则同棱柱。

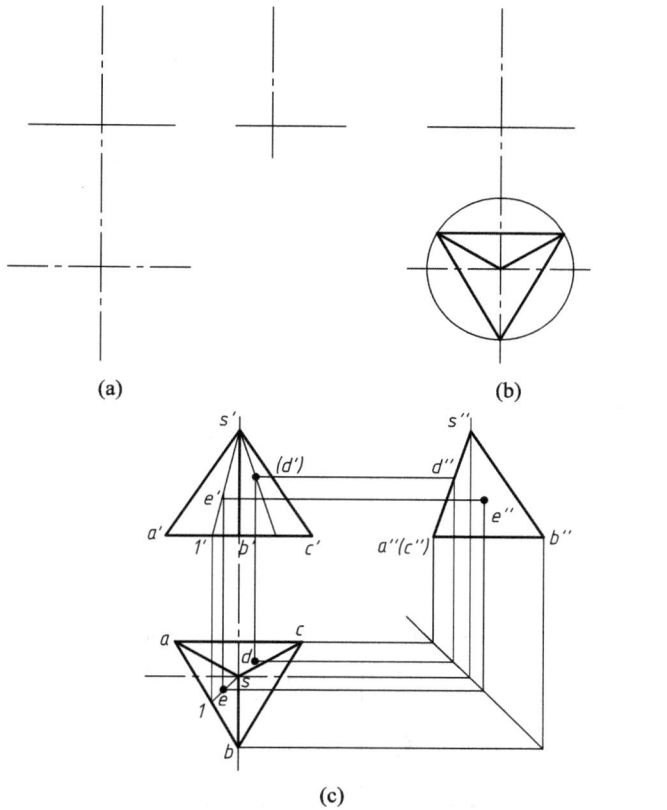

(a)

(b)

(c)

图 2 - 29 正三棱锥的三视图

任务 2 曲面立体

圆柱、圆锥、圆球等表面光滑，没有平面立体那样的棱线的几何形体叫曲面立体。

1. 圆柱

圆柱由顶面、底面和圆柱面组成，如图 2 - 30 所示，它是由母线 AA_1 围绕平行的 OO_1 轴旋转而成的。圆柱面上任意一条与 OO_1 轴平行的直线叫圆柱面的素线，如图 2 - 30 中的 AA_1、BB_1、CC_1、DD_1 等。

1）三视图

将圆柱的轴线垂直于 H 面放在三投影面体系中，则顶面和底面为水平面，俯视图为一圆，它是圆柱面的积聚，是顶面和底面的实形。主、左视图均为一矩形线框：主视图上矩形顶边和底边为顶面和底面投影的积聚，矩形左、右边是圆柱面的最左、最右素线的投影 $a'a_1'$ 和 $c'c_1'$；左视图上矩形左、右边是圆柱面最前、最后素线的投影 $b''b_1''$ 和 $d''d_1''$。如图 2 - 30 所示，圆柱面的最左、最右、最前、最后素线称为转向轮廓线，是圆柱表面可见性的分界线。圆柱的三视图如图 2 - 31 所示。

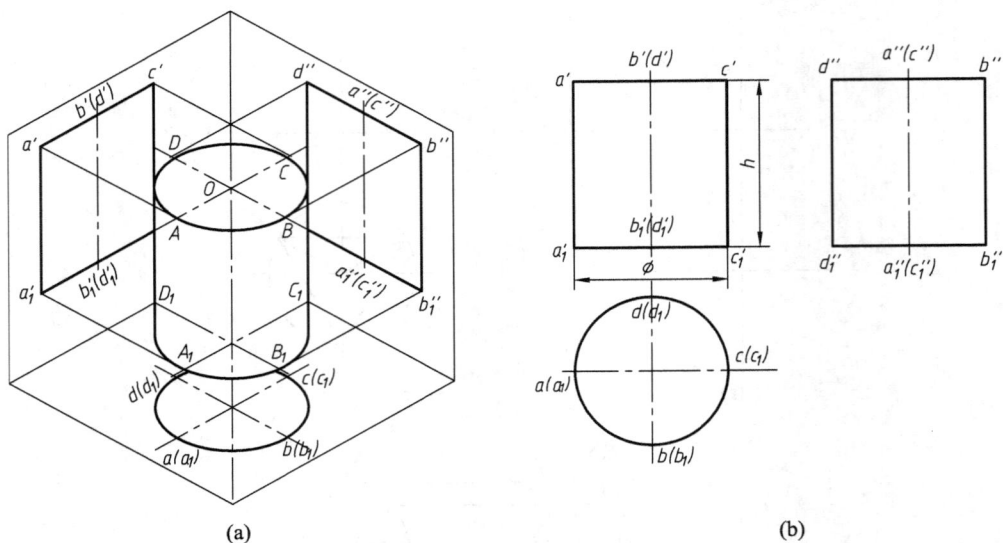

(a)   (b)

图 2-30 圆柱的投影

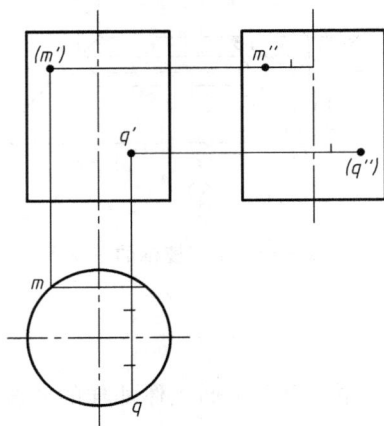

图 2-31 圆柱的三视图

2）表面取点

圆柱表面上的点可利用圆柱的投影积聚性及点的投影规律求得。如图 2-31 所示，圆柱面上有两点 M、Q，已知 m''、q'，求 m、m' 和 q''。

Q 点：由圆柱投影的积聚性可知，q 应位于圆上，又因为 Q 点位于前半个圆柱面上，由此确定 q，根据点的投影规律，由 q 和 q' 得 q''。

M 点：由圆柱投影的积聚性及点的投影规律可得 m，由 m 和 m'' 求得 m'。

可见性判断：主视图上位于前半个圆柱面的点可见，位于后半个圆柱面上的点不可见，俯视图上都可见；左视图上位于左半个圆柱面上的点可见，位于右半个圆柱面上的点不可见，则可得 m、q 可见；m'、q'' 不可见，需用括号括起来。

3）尺寸标注

标直径时，注在非圆视图上，并在数字前加"ϕ"，如图 2-30 所示。

2. 圆锥

圆锥由底面和锥面组成，如图 2 – 32 所示，锥面由 SA 绕 SO 旋转而成，锥面上通过 S 的任一直线叫锥面的素线，例如 SA、SB、SC、SD 等。

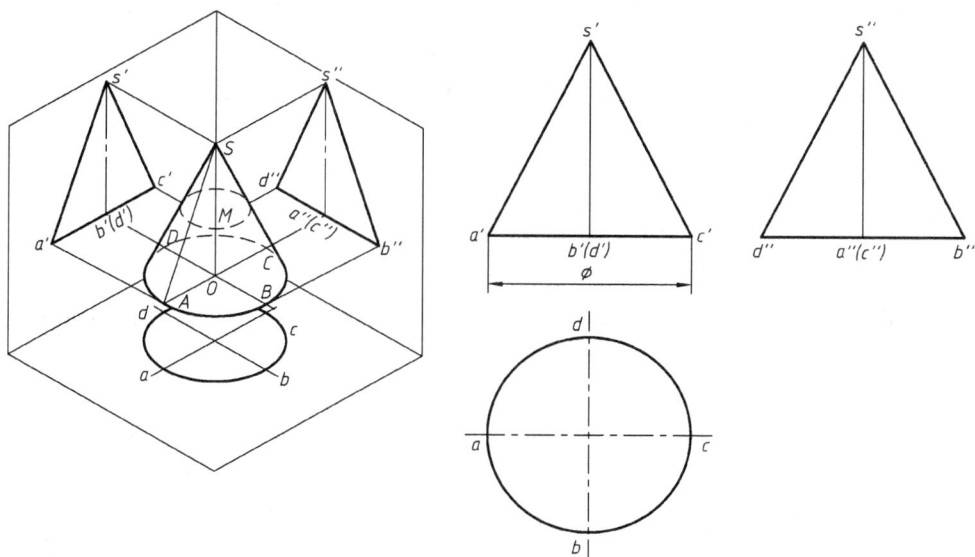

图 2 – 32　圆锥的投影

1）三视图

将圆锥的轴线垂直于 H 面放在三投影体系中，则底面为水平面。俯视图为一圆，它是底面的实形；主、左视图均为一等腰三角形，底边为底面投影的积聚。主视图上三角形的两腰分别为圆锥最左、最右素线的投影 $s'a'$ 和 $s'c'$。左视图上三角形的两腰分别为圆锥最前、最后素线的投影 sd'' 和 sb''。圆锥的三视图如图 2 – 33 所示。

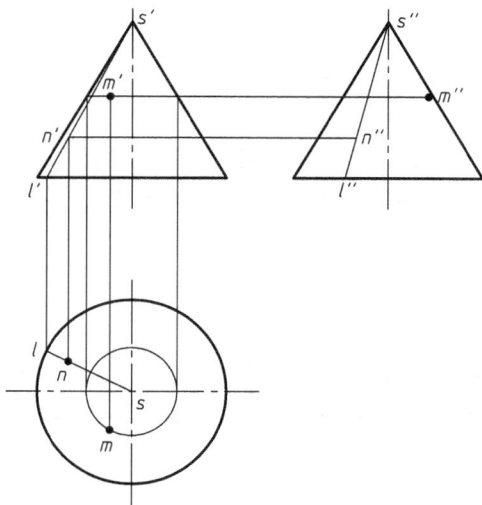

图 2 – 33　圆锥的三视图

2）表面取点

圆锥表面上取点的方法有两种——辅助素线法和辅助圆法。如图 2-33 所示，圆锥表面上两点 M、N，已知 m' 和 n''，求 m、m''、n、n'。

（1）辅助圆法求 m、m''。过 M 点作一垂直于 SO 的纬圆，如图 2-33 所示，找到该圆的三面投影，M 点的三面投影必在其上。可见性判断同圆柱。

（2）辅助素线法求 n、n'。过锥顶 S 和 N 点做一素线 sl，找到素线的三面投影 sl、sl'，可求出 n 和 n'。可见性判断同圆锥。

3）尺寸标注

直径注在非圆视图上，并在数字前加"ϕ"，如图 2-32 所示。

3. 圆球

圆球是以一个圆为母线，以其任意直径为轴旋转而成的。球面上的这些圆叫纬圆，如图 2-34 中的圆 A、B、C。

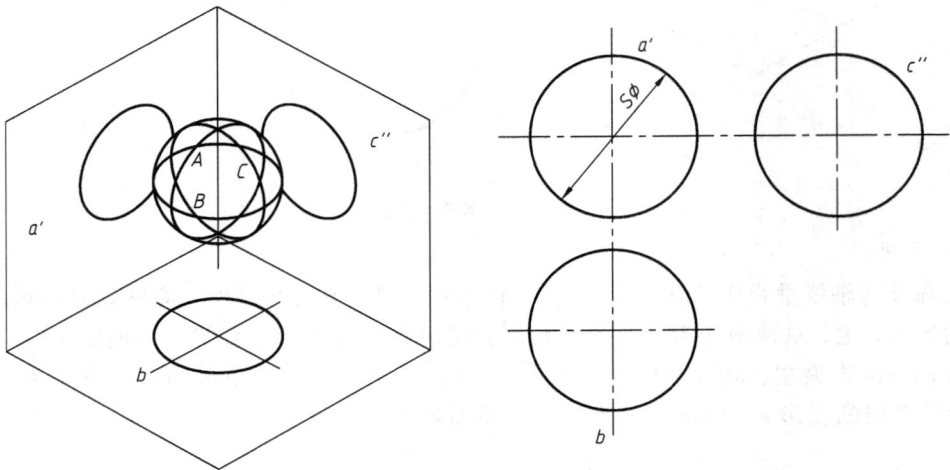

图 2-34 圆球的投影

1）三视图

圆球从任意方向投影均为圆，因此三视图是等直径的圆。但圆的含义不同，主视图为纬圆 A 的投影，俯视图为纬圆 B 的投影，左视图为纬圆 C 的投影。其三视图如图 2-35 所示。

2）表面取点

已知球面上的点 K 的 k'，求 k 和 k''。

过 k' 作辅助纬圆 l，求出 l'、l''。点 K 在该纬圆上，则可求出 k 和 k''。

可见性判断：主视图纬圆 A 之前的球表面各点可见，否则不可见；俯视图纬圆 B 之上的球表面各点可见，否则不可见；左视图纬圆 C 之左的球表面各点可见，否则不可见。

3）尺寸标注

球面直径前加"$S\phi$"，如图 2-34 所示。

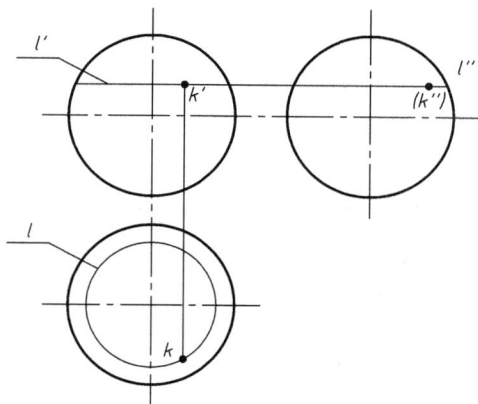

图 2 - 35 圆球的三视图

项目七 基本体表面的交线

日常生活中常见的机械零件，有许多是平面与立体相交形成的：基本体与平面的交线称为截交线；立体与立体的交线称为相贯线。

1. 概念

基本体所截切后的断面称为截断面，截切基本体的平面称为截平面，截平面与基本体表面的交线称为截交线，如图 2 - 36 所示。

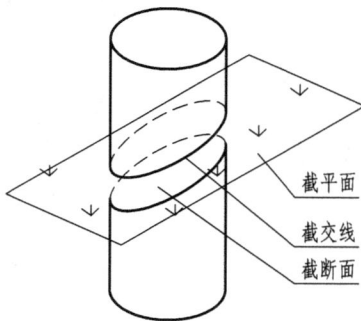

图 2 - 36 截交线的概念

2. 性质

任意截交线都具有以下性质：

（1）任何基本体的截交线都是一个封闭的平面图形，如图 2 - 36 中的椭圆。

（2）截交线是截平面与基本体表面的共有线。

由以上性质可知，求截交线实质上就是求出平面和基本体表面的共有点，若交线为直线，可求出交线上两个端点；若交线为曲线，可求出交线上的一些特殊点或若干个一般点，然后依次连接而成。

3. 截交线的分类

截交线分为平面立体截交线和曲面立体截交线两种。

任务1 平面立体截交线

平面立体截交线的求法：平面立体表面由平面组成，所以截交线是由直线组成的封闭平面多边形，只要求出截平面与平面立体上各被截棱线的交点，然后依次连接即可。

【任务训练】 求平面立体截交线

三棱锥被一正垂面 P 所截，求截交线的投影。

该截交线为封闭三角形，顶点为截平面与各棱线的交点，如图 2-37 所示。

V 面：由于截平面为正垂面，而正垂面在 V 面的投影具有积聚性，因此可直接求出交点的 V 面投影 1′、2′、3′。判断可见性：1′2′、2′3′可见，3′1′不可见，连接 1′、2′、3′，即为截交线的 V 面投影。

H 面：由直线上取点原则可知，I 点在 SA 上得到1，II 点在 SB 上得到2，III 在 SC 上得到 3，判断可见性均可见，连接 1、2、3 即为截交线的 H 面投影。

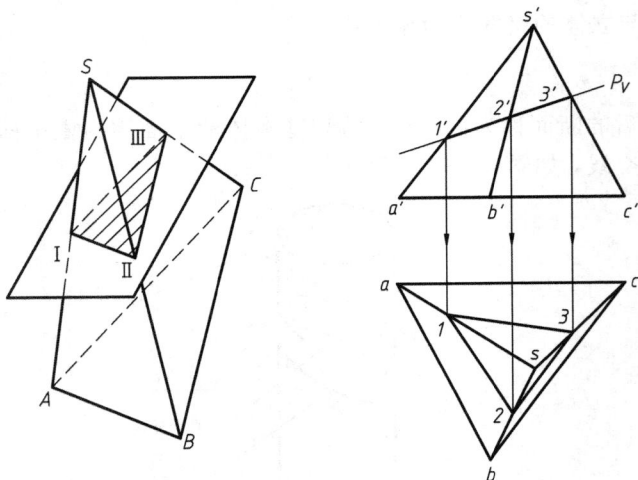

图 2-37 三棱锥的交线

任务2 曲面立体截交线

平面与曲面立体相交，截交线一般为封闭的平面曲线，特殊情况为平面多边形，其一般作图步骤如下：

(1) 求特殊位置点，即投影轮廓线上的点、可见性分界点、最高点、高低点、最前点、最后点、最左点、最右点。

(2) 求若干一般位置点。

(3) 判断可见性，并依次光滑连接，可见部分用实线表示，不可见部分用虚线表示。

1. 平面与圆柱相交

平面与圆柱相交有三种情况,见表 2-7。

表 2-7 平面与圆柱相交的截交线

立体图	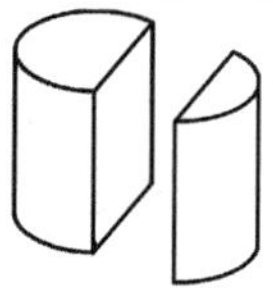	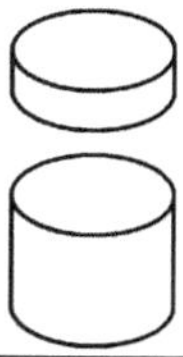	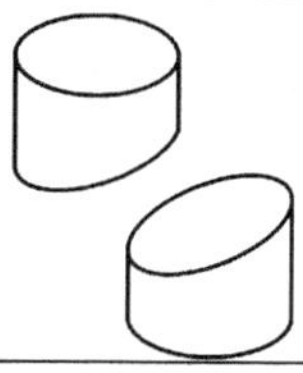
投影图	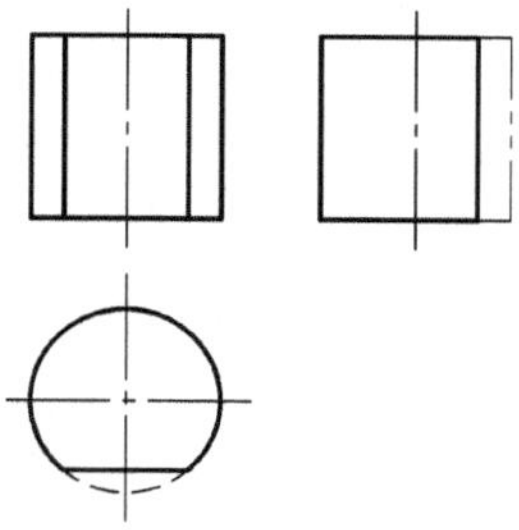	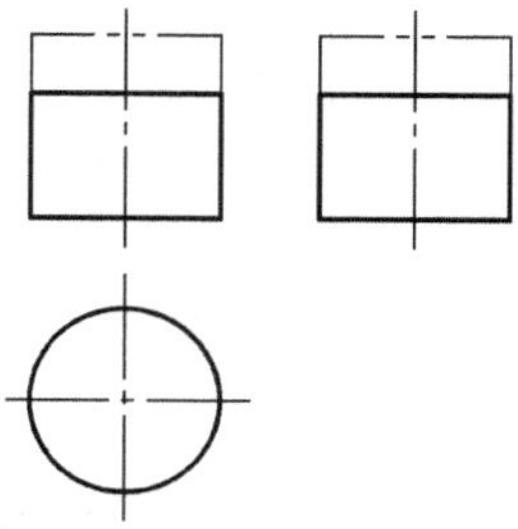	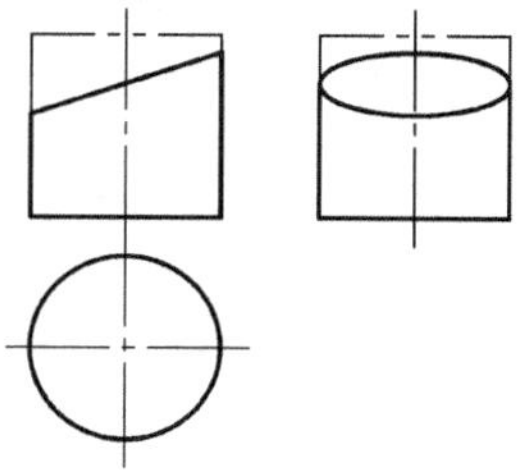
交线	截平面平行于轴线,交线为平行于轴线的矩形	截平面垂直于轴线,交线为垂直于轴线的圆	截平面倾斜于轴线,交线为椭圆

2. 平面与圆锥相交

根据截平面与圆锥轴线位置不同,平面与圆锥相交所得截交线有五种情况,如表 2-8 所示。

表 2-8 平面与圆锥相交

立体图	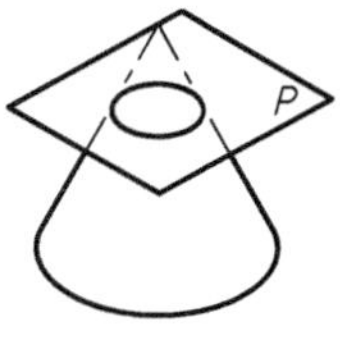	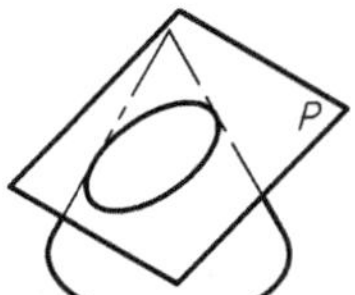	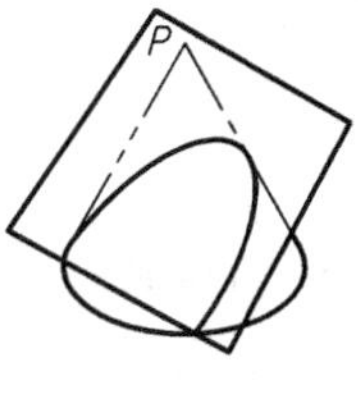	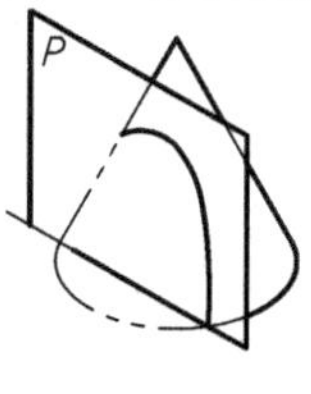	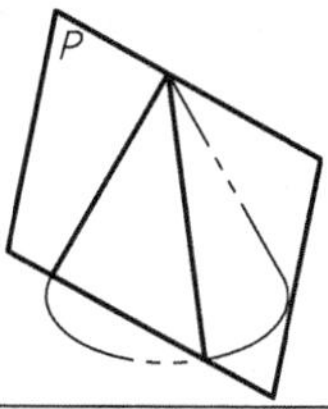
投影图	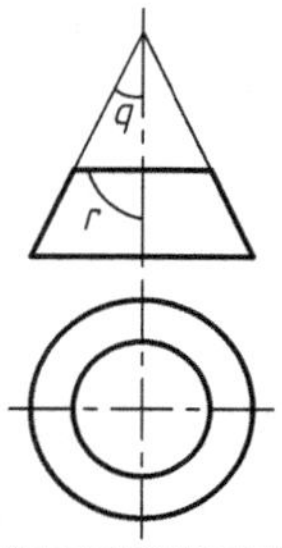	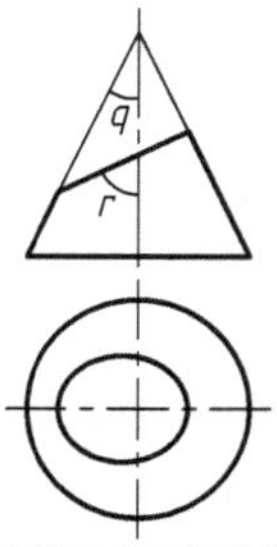	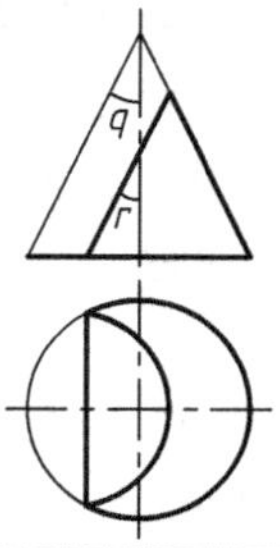	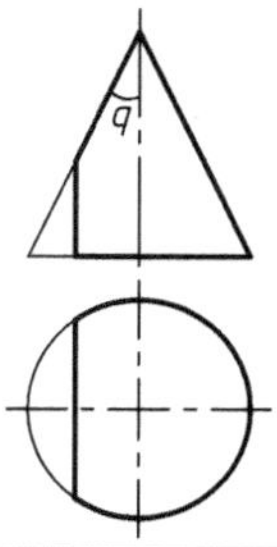	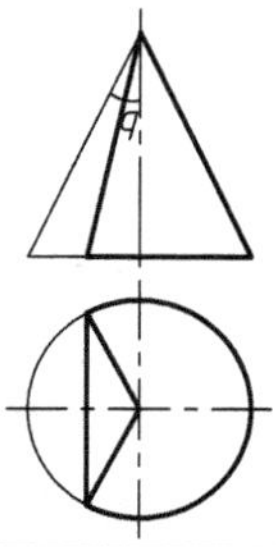
交线情况	截平面垂直于轴线($r=90°$),交线为圆	截平面倾斜于轴线($r>q$),交线为椭圆	截平面倾斜于轴线($r=q$),交线为抛物线	截平面倾斜于轴线($r<q$)或平行于轴线,交线为双曲线	截平面过锥顶,交线为通过锥顶的三角形

3. 平面与球相交

平面与球相交有三种情况，见表 2－9。

表 2－9　平面与球相交

立体图	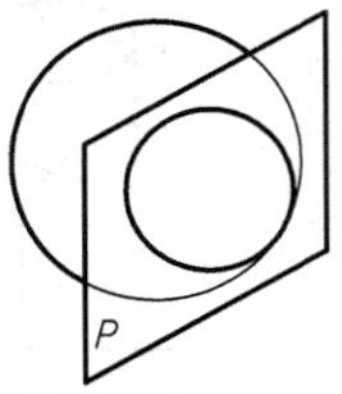	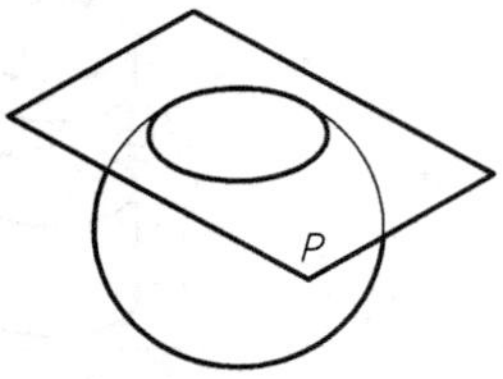	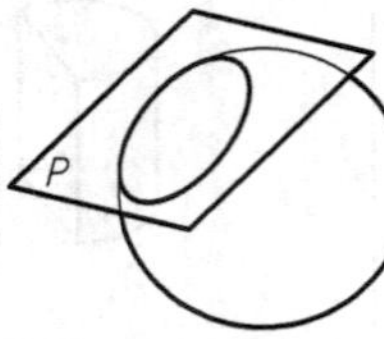
投影图	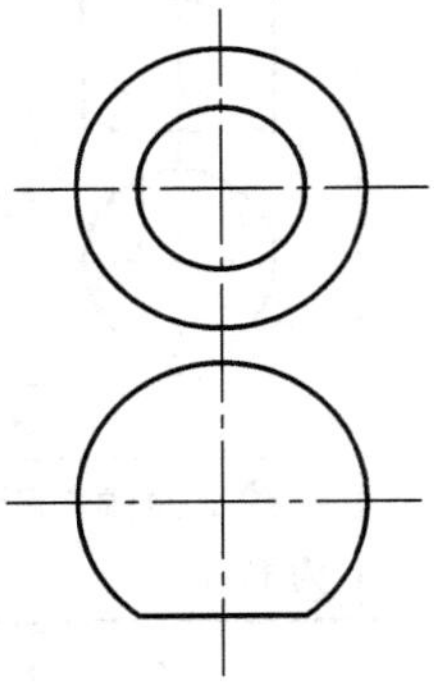	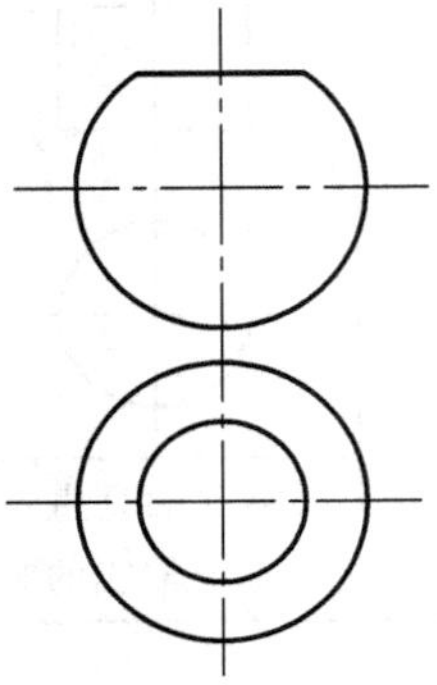	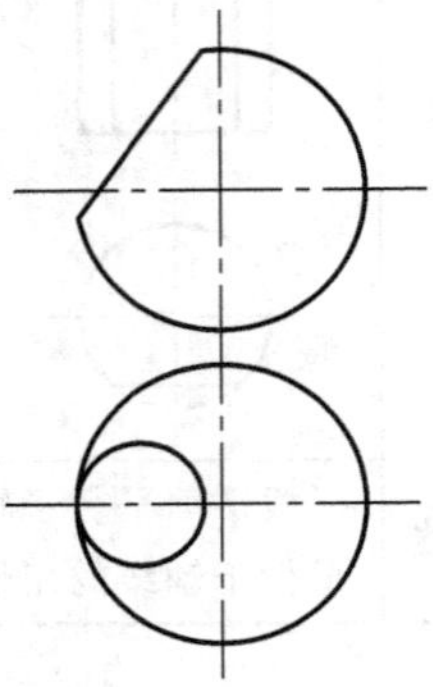
交线	截平面与 V 面平行，交线为圆	截平面与 H 面平行，交线为圆	截平面与 V 面垂直，交线为圆

【任务训练】　求曲面立体截交线

例 1　求圆柱被一正垂面 P 所截，已知它的主、俯视图，求作左视图，如图 2－38 所示。

解　（1）分析：截平面 P 与圆柱轴线倾斜，由表 2－7 知截交线应为椭圆。

V 面：由于正垂面 P 的正面投影必有积聚性，所以截交线的正投影 $a'b'$ 与 P_V 重合。

H 面：圆柱的水平投影具有积聚性，所以截交线的水平投影与圆柱水平投影重合。

W 面：截交线的侧面投影，在一般情况下仍是椭圆（当 P 面与轴线成 $45°$ 方向时截交线为圆，请读者自行证明），但不反映实形，作图时应先找到椭圆的长、短轴的端点，再取一般适量点，把它们用光滑曲线连接后即得。

（2）作图。

① 作特殊点：空间截交线的长轴 AB 和短轴 CD 相互垂直平分，正面投影 $a'b'$ 位于正面投影的轮廓线上，$c'd'$ 位于 $a'b'$ 的中点处。利用 a、b、c、d 和 a'、b'、c'、d'，求侧面投影 a''、b''、c''、d''。

② 作一般点：对称中心线的 1、2、3、4 点用圆表面取点的方法，已知 $1'$，$2'$，$3'$，$4'$，求得 1，2，3，4，然后求出 $1''$，$2''$，$3''$，$4''$。

③ 依次光滑连接，即得截交线的三投影。

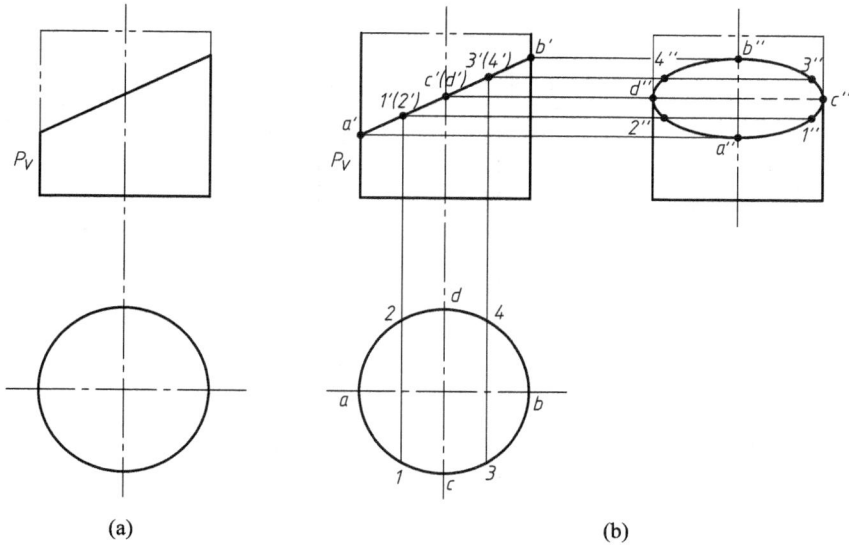

(a)   (b)

图 2-38　圆柱与正垂面的截交线

例 2　在圆柱上铣出一方形槽口和一台面，求三视图，如图 2-39 所示。

解　（1）分析：此零件的基本几何形状为一圆柱体，它的左上角被平面 A 及 C 截去一块，它的中下部又被 B、D 及 E 截去一块，平面 A 及 B 为水平面，平面 C、D 及 E 为侧平面，各水平面及侧平面的正面投影都积聚于圆柱体的水平投影圆上，各侧平面的水平投影积聚成一直线。

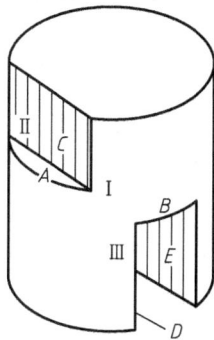

图 2-39　圆柱截切

（2）作图，如图 2-40 所示。

① 按适当比例作出被截切后圆柱体的正面投影。

② 按投影分析，作出各截面的水平投影。

③ 由两面投影求侧面投影。

④ 画出完整的圆柱体侧面投影。

⑤ 求各水平截面的侧面投影，A 及 B 的侧面投影各为一直线，长度为 $1''2''=12$，$5''6''=56$。

⑥ 求各侧平面的侧面投影，C、D 侧面投影为宽 $1''2''$ 及 $3''4''$ 的矩形，E 与 D 重合。

⑦ 去线：圆柱体侧视转向线下半段已被切去，侧面投影不存在。

（3）判别可见性：水平截面 B 在圆柱体中间，被挡住，故不可见。

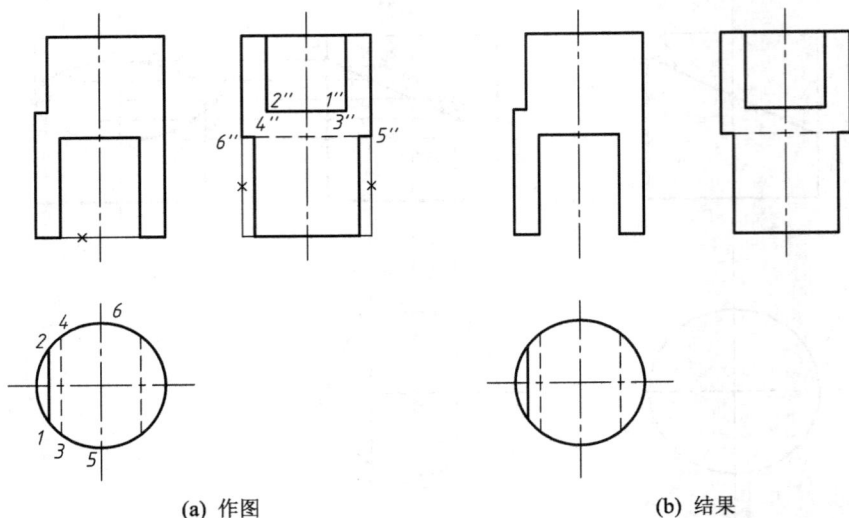

(a) 作图   (b) 结果

图 2-40　圆柱截切三视图

例 3　圆锥被正垂面所截，已知它的主视图，求作俯视图和左视图，如图 2-41 所示。

解　(1)分析：由条件知截交线为一椭圆，V 面上积聚成一直线，H 和 W 面上仍为椭圆，作图时应先找出长、短轴的端点，然后再适当选择中间点，依次连接各点即得。

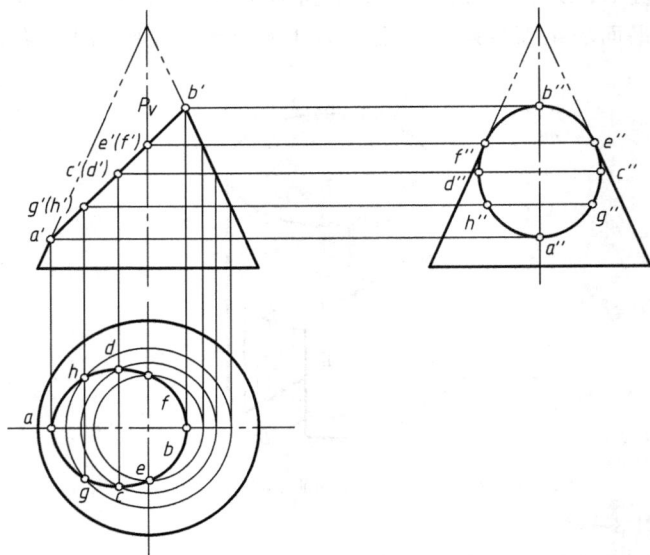

图 2-41　圆锥与正垂面的截交线

(2)作图。

① 特殊点：从立体图上可看出长轴 AB 和短轴 CD 垂直平分，a′、b′位于圆锥的正面投影轮廓线上，利用圆锥表面取点的方法求得 a、b(过 b′作水平面，H 面上得一投影面，则 b 在其上)。c′、d′在 a′b′的中点处，可利用圆锥表面取点的方法求出 c、d。利用投影关系求出 W 面投影 a″、b″、c″、d″。e′、f′为椭圆侧面投影与圆锥最前、最后素线的切点，按表面取点及投影关系求得 e、f 及 e″、f″。

② 一般点：取一般点 G、H，先定出 g'、h'，按表面取点（辅助圆法或辅助素线法）求得 g、h，再按投影关系求得 g''、h''。

③ 将各点光滑连接。

例 4 圆锥被一正平面 P 所截，知其侧面投影，求作截交线的其他投影，如图 2-42 所示。

解 （1）分析：因 P 面与轴线平行，故截交线为双曲线，双曲线的水平投影积聚在 P_H 上，它的正面投影反映实形，W 面投影积聚在 P_W 上。

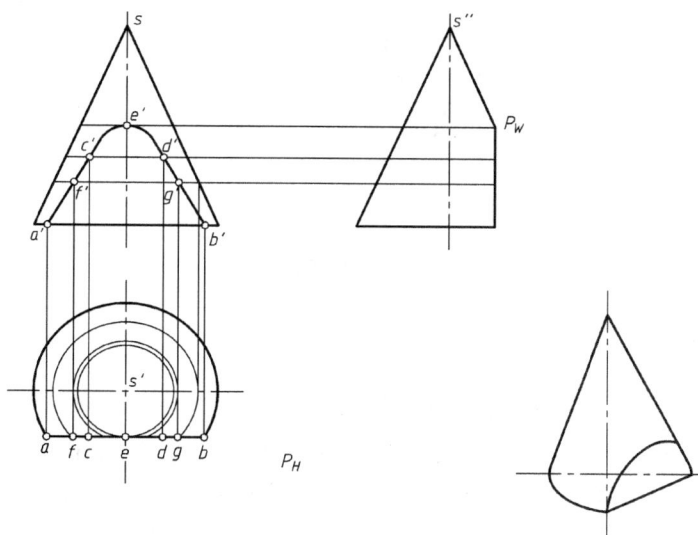

图 2-42 圆锥与正平面的截交线

（2）作图。

① 特殊点：最低点 A、B，最高点 E。

A，B 点 $\begin{cases} H \text{ 面：在 } P_H \text{ 圆锥水平投影圆的交点处得 } a, b. \\ V \text{ 面：由投影关系对应得 } a', b'. \end{cases}$

E 点 $\begin{cases} H \text{ 面：根据双曲线的对称特性，在 } ab \text{ 的中点。} \\ V \text{ 面：圆锥表面取点，以 } se \text{ 为半径画圆，在 } V \text{ 面找到对应的投影 } Q_V，\text{即得 } e'. \end{cases}$

② 一般点：C、D、F、G。

C，D 点 $\begin{cases} H \text{ 面：在 } ae \text{ 和 } eb \text{ 间取对称点 } c, d. \\ V \text{ 面：以 } sc \text{ 为半径画圆，在 } V \text{ 面找到对应的正面投影 } R_V，\text{即得 } c'、d'. \end{cases}$

F，G 点 $\begin{cases} H \text{ 面：在 } ae \text{ 和 } eb \text{ 间对称取点 } f, g. \\ V \text{ 面：以 } sf \text{ 为半径画圆，在 } V \text{ 面找到对应的正面投影 } T_V，\text{即得 } f'、g'. \end{cases}$

③ 光滑连接。

例 5 求作半圆球开槽后的投影图，如图 2-43 所示。

解 （1）分析：半圆球上的槽由一对侧平面 P_V 和一个水平面 Q_V 截割，V 面上具有积聚性，为已知，它们与球表面的交线均为圆弧。

（2）作图。

H 面：Q 面截交线为一圆，半径为 R_1，根据 V 面投影，P 面截交线为两直线。

W 面：P 面反映实形（圆），半径由 V 面定，Q 积聚成直线。

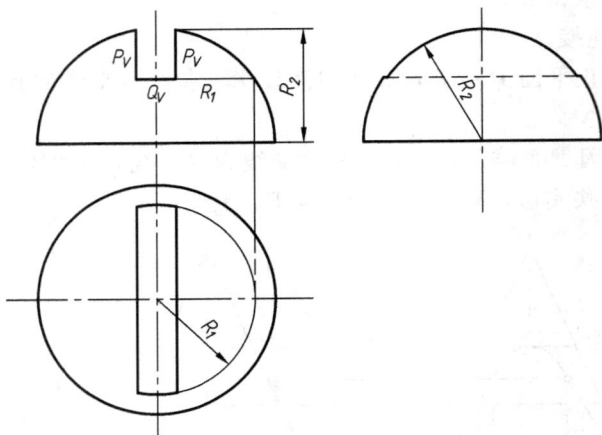

图 2-43　圆球截交线

任务 3　相贯线

在机械零件中有许多结构是由立体与立体相交组成的，两相交的立体称为相贯体，两相贯体表面的交线称为相贯线。根据相贯体表面几何形状的不同，相贯线分为：平面立体与平面立体相交的相贯线、平面立体与曲面立体相交的相贯线及曲面立体与曲面立体相交的相贯线。本节只阐述曲面立体与曲面立体正交所产生的相贯线。

1. 相贯线的性质

（1）相贯线为两曲面的共有线，也是两相交曲面的分界线。

（2）相贯线一般是封闭的空间曲线。

（3）相贯线的形状根据曲面形状、大小及两曲面间的相对位置关系变化而变化。

2. 相贯线的求法

因为相贯线为两曲面的共有线，所以求相贯线实质就是求曲面的一系列共有点，然后光滑连接。

【任务训练】　*相贯线的求法*

例　求两圆柱正交的相贯线，如图 2-44 所示。

解　（1）分析相贯线的性质：图示为一水平圆柱与一铅垂圆柱正交，其相贯线的水平投影积聚在铅垂圆柱的水平投影上，侧面投影积聚在水平圆柱的侧面投影圆上，知其两投影便可求出第三投影。

（2）求特殊点：点 A、B（相贯线的最左、右点）是铅垂圆柱的最左、右素线与水平圆柱素线的交点。点 C、D（相贯线的最低点）是铅垂圆柱的前后素线与水平圆柱素线的交点。

由上述分析可直接求得 a、b、a''、b''、c、d、c''、d''。由投影关系求得 a'、b'、c'、d'。

（3）求一般点：在 H 面上取任意点 E、F、G、H 的水平投影 e、f、g、h。根据相贯线的性质，它们应既属于铅垂圆柱，又属于水平圆柱，并根据投影关系求得 e'、f'、g'、h'。

（4）判断可见性：判断可见性的原则是当相贯线同时属于两曲面的可见部分时，才可见。由判断可知：相贯线 $a'e'c'f'b'$ 可见，$b'h'd'g'a'$ 不可见，但与 $a'e'c'f'b'$ 重合。

（5）光滑连接：用虚线连接 b'、h'、d'、g'、a'，用实线连接 a'、e'、c'、f'、b'，因两者重合，所以只显示实线部分。

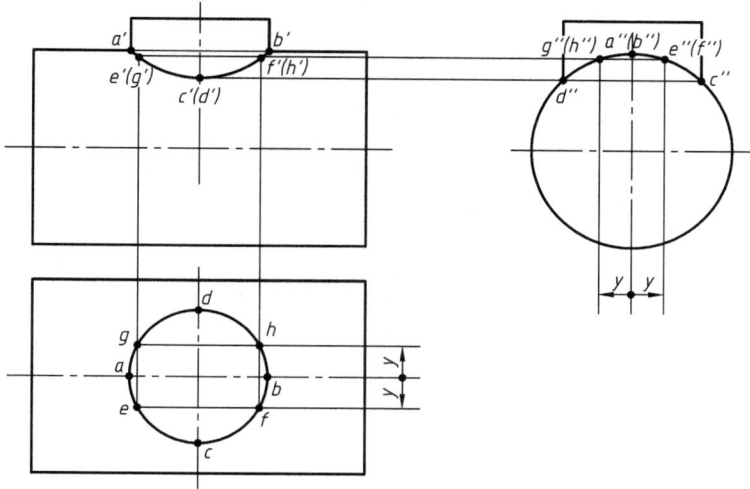

图 2-44　两圆柱正交的相贯线

第 3 章 组 合 体

任何复杂的机械零件，从形体角度看，都是由一些简单的基本体组成。这些由基本体组成的类似机械零件的物体，称为组合体。

项目一 组合体的投影

任务1 组合体的组合形式

组合体的组合形式有叠加和挖切两种形式，如图3-1所示。

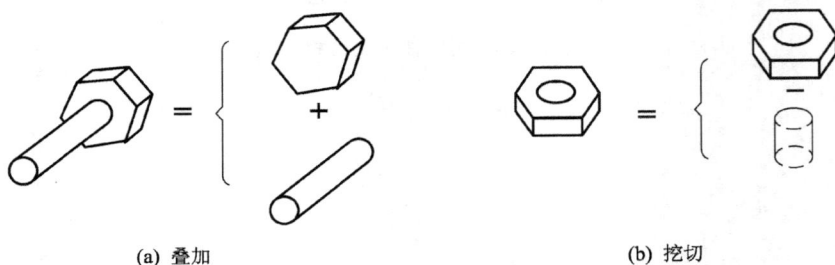

(a) 叠加   (b) 挖切

图 3-1 组合体的组合形式

图3-1(a)中的螺栓坯是由六棱柱和圆柱叠加而成，图3-1(b)的螺母坯是由六棱柱挖切去圆柱后形成的。不过我们常见的形体往往不是基本体单一的叠加或挖切，而是多个基本体叠加和挖切的组合。如图3-2所示，该形体就是由长方体叠加长方体，再叠加半圆柱后，挖切圆柱体形成的。

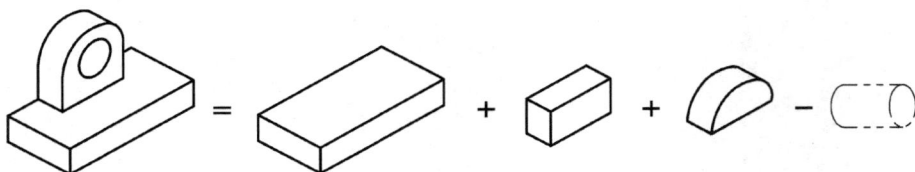

图 3-2 叠加与挖切组合

任务2 形体之间的表面过渡关系

在互相组合的两形体之间存在着四种表面过渡关系：平齐、不平齐、相切和相交。在读图时，只有清楚形体间的表面过渡关系，才能彻底想清物体形状；在画图时，只有注意这些关系,才能不多线、不漏线。

1. 平齐

当两形体表面平齐时,连接处应无分界线,如图 3-3 所示。

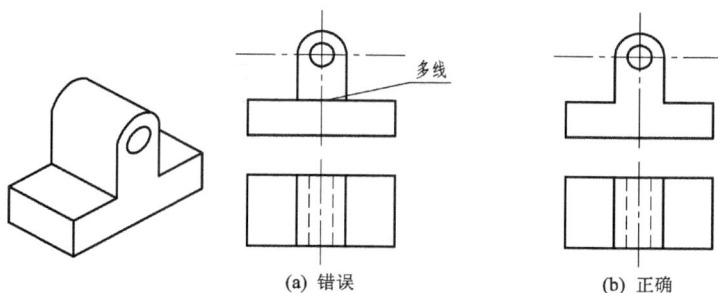

图 3-3 两形体表面平齐

2. 不平齐

当形体表面不平齐时,连接处必须有分界线,如图 3-4 所示。

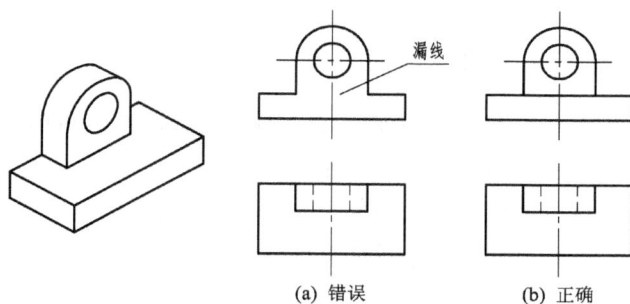

图 3-4 两形体表面不平齐

3. 相切

当两形体的表面相切时,在相切处应不画线,如图 3-5 所示。

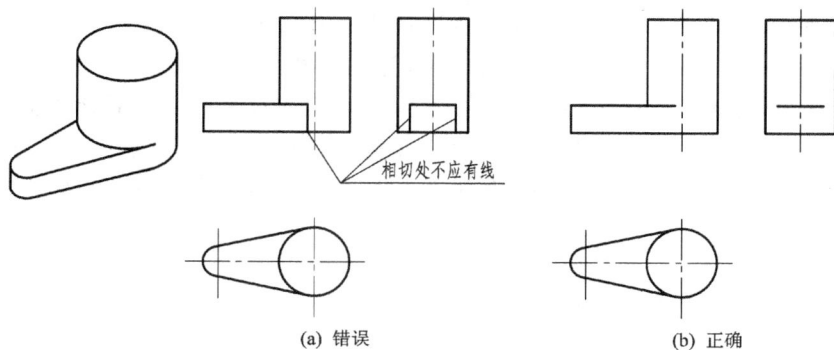

图 3-5 两形体表面相切

4. 相交

当两形体表面相交时,在相交处应该画出交线——相贯线,如图 3-6 所示。

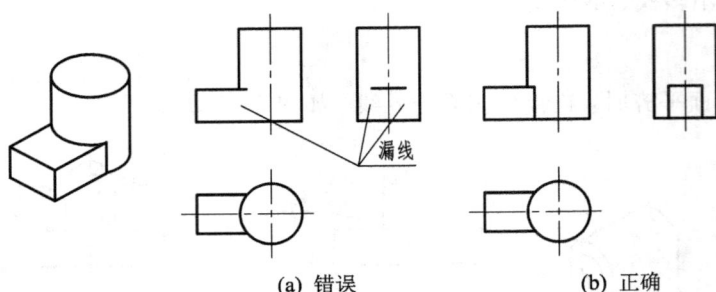

(a) 错误　　　　　　　　(b) 正确

图 3-6　两形体相交

任务3　形体分析法

　　形体分析法是假想把组合体分解成若干基本形体，并确定它们的组合形式，以及相邻表面间的相互位置的方法。这种方法使一个复杂的问题化为多个简单的问题，是解决组合体读图和画图的最佳方法。

任务4　组合体三视图的画法

　　绘制组合体三视图时，一般先对其形体进行分析，再选择适当的视图、绘图比例，进行绘图，最后需对图稿进行检查。具体步骤如下：

　　（1）形体分析：分析组合体由哪几部分组成，各部分之间的组合形式及相对位置等。

　　（2）视图选择：三视图中，最主要的是主视图。一般应选择最能反映组合体形状及位置特征的一个视图作为主视图。

　　（3）选择比例、确定图幅：根据组合体的复杂程度和尺寸大小，选择国家标准规定的图幅和比例。

　　（4）布图，打底稿：布图时注意三视图分布匀称，以对称中心线、轴线和较大平面为基准线确定各视图的位置。打底稿时，按照先实体（叠加）后虚体（挖切）、先大后小、先轮廓后细节的原则，将三个视图相结合，按照投影规律画出三视图。

　　（5）检查：最后全面检查，改正错误，补画遗漏，擦去不存在的线条。

　　（6）描深：按标准规定的线条描深，可见部分用粗实线，不可见部分为虚线；对称图形、半圆或大于半圆的圆弧要画对称中心线；回转体要画轴线（用细点画线）。描深时先圆弧后直线，线型粗细全图一致，几种线型重合时，一般按"粗实线、虚线、细点画线和细实线"的顺序取舍。

【项目训练】　画组合体三视图

　　以图3-7为例说明组合体三视图的画法。

　　（1）形体分析：如图3-7所示，组合体（a）为综合形类组合体，既有叠加，又有挖切。由Ⅰ、Ⅱ、Ⅲ、Ⅳ四个形体组合而成，形体Ⅰ、Ⅱ为后面平齐叠加，Ⅰ、Ⅲ为右面平齐叠加，形体Ⅱ上同轴挖切去形体Ⅳ。

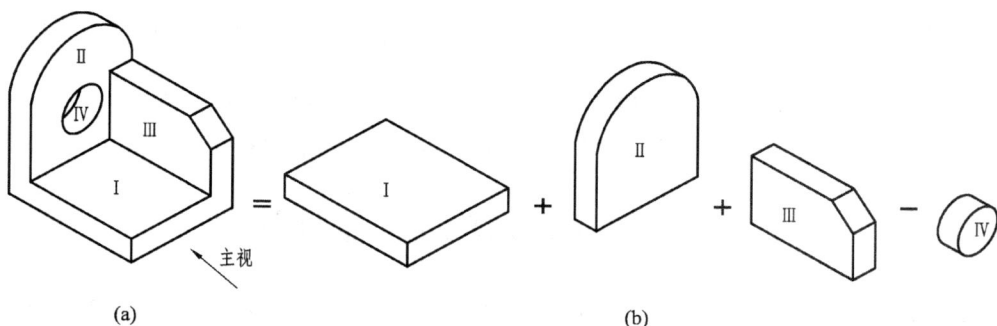

图 3-7 组合体及形体分析

（2）视图选择：确定主视图，应选择最能反映组合体形状特征及其相互位置，且减少俯、左视图上虚线的方向作为投影方向，并使组合体自然放置，由此得主视图的投影方向和位置为图 3-7 中箭头所示方向。

（3）选择比例、确定图幅：按照组合体的复杂程度和尺寸大小，画图时应尽量选用 1∶1 比例，这样可直接估量组合体的大小，便于画图。按选定比例，根据组合体长、宽、高计算出三视图所需面积，并在视图间预留空隙（标注尺寸并留有一定间距），最后依据国家标准选择标准图幅。

（4）布图、打底稿：布图时注意分布匀称，以对称中心线、轴线、较大平面为基准线确定各视图的位置，如图 3-8（a）所示。

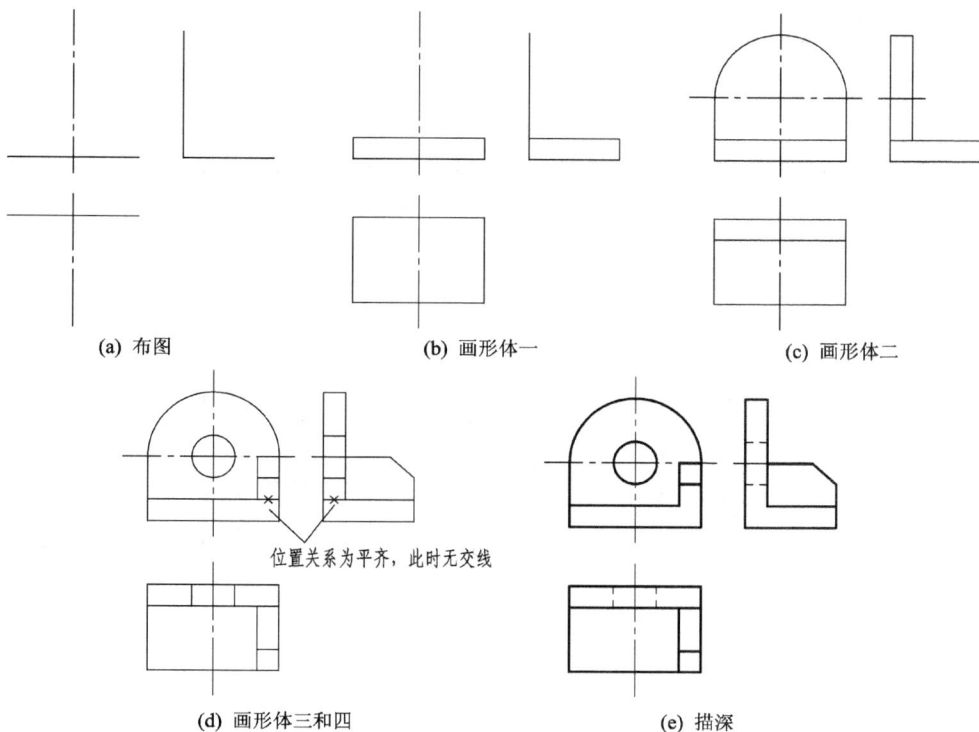

(a) 布图　　(b) 画形体一　　(c) 画形体二

(d) 画形体三和四　　(e) 描深

图 3-8 组合体的画图步骤

对于图 3-7 来说，其打底稿步骤为形体 Ⅰ →形体 Ⅱ →形体 Ⅲ →形体 Ⅳ，如图 3-8 所示。

（5）检查：改正错误，补画遗漏，擦去不存在的线条，如图 3-8(d)所示。

（6）描深：按"粗实线，虚线，细点画线，细实线"的取舍顺序描深，如图 3-8(e)所示。

项目二　组合体的尺寸标注

视图只能表示组合体的形状，各形体的真实大小和相互位置关系，则要靠尺寸来确定。标注组合体尺寸的基本要求是正确、合理、完整和清晰。

任务 1　标注尺寸要正确、合理

（1）所谓正确，是指应严格遵守国家标准《机械制图》(GB/T 16675.2—1996)的规定，不能随意标注。

（2）所谓合理，就是尺寸要满足设计要求，便于加工和测量（详见第 6 章零件图）。

任务 2　标注尺寸要完整

一般采用形体分析法，将组合体分解为若干基本形体，然后标注出基本形体的大小和确定这些基本形体之间的相对位置尺寸，最后注出组合体的总体尺寸。所以，组合体的尺寸有三种：定形尺寸、定位尺寸和总体尺寸。

1. 定形尺寸

定形尺寸是表示各基本形体形状大小的尺寸，如图 3-9 所示。

若两基本形体组合时，出现同长或同宽或同高的情况，则可省略一个尺寸；若两个以上相同的基本体按对称或有规律布置，则只标注一个基本体的定形尺寸即可。

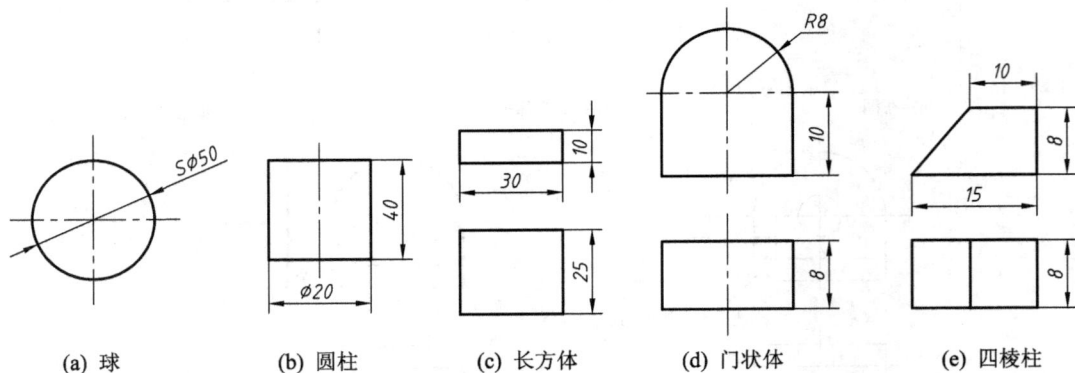

(a) 球　　(b) 圆柱　　(c) 长方体　　(d) 门状体　　(e) 四棱柱

图 3-9　基本体的定形尺寸

2. 定位尺寸

定位尺寸包括尺寸基准和定位尺寸。

1）尺寸基准

尺寸基准是标注与测量尺寸的起点。一个组合体应有长、宽、高三个方向的尺寸基准，一般组合体采用对称中心线、轴线和较大平面作为尺寸基准。它不是一成不变的，可根据实际需要选择，如图 3－10 所示。

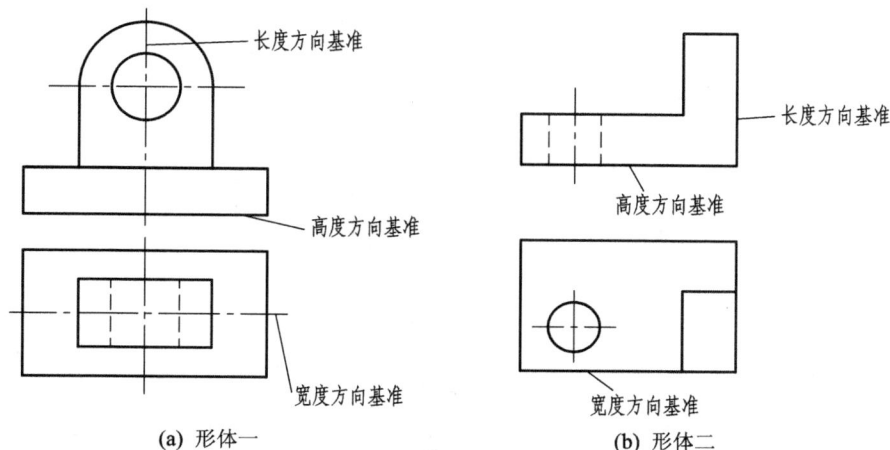

(a) 形体一　　　　　　　　　(b) 形体二

图 3－10　尺寸基准的选择

2）定位尺寸

定位尺寸是指各基本形体间的相对位置的尺寸，也可看成是组合体和基本体尺寸间的距离。若两形体间在某一方向处于叠加（或挖切）、平齐、对称或同轴之一，可省略该方向上的定位尺寸。如图 3－11 所示，该形体由三个基本体组成，任意两基本体之间的定位尺寸最多只有三个，Ⅰ、Ⅱ之间宽度方向平齐，高度方向叠加，省略宽、高方向定位尺寸；Ⅰ、Ⅲ之间长度方向同轴，宽度方向对称，高度方向叠加，可省略全部三个定位尺寸。因此，视图中定位尺寸只有一个，即Ⅰ、Ⅱ之间的长度定位尺寸 a。

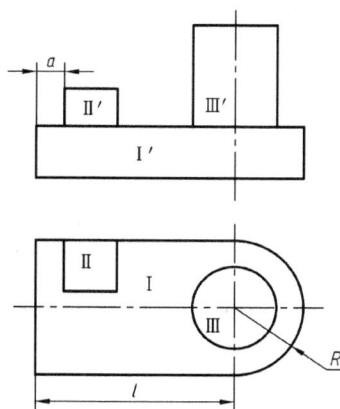

图 3－11　定位尺寸

3. 总体尺寸

在研究形体的空间情况时，人们总希望知道组合体所占空间的大小，因此一般所需的总体尺寸有总长、总宽和总高。当组合体的一端为回转体时，该方向的总体尺寸一般不标注，但需标注出圆柱体中心的定位尺寸和直径（半径）尺寸，如图 3－9(d)和图 3－11 所示。

任务 3　标注尺寸要清晰

(1) 同一方向的尺寸，标注时应排列整齐，尽量配置在少数几条线上，如图 3－12(a)所示。

（2）把尺寸标注在形体特征明显的视图上，如图 3-12(b)所示。

（3）同一形体尺寸尽量集中标注，并标注在两视图之间，如图 3-12(c)所示。

（4）尺寸不要直接标注在截交线和相贯线上，由于交线和相贯线是自然产生的，所以在交线上不应直接标注尺寸，如图 3-12(d)所示。

（5）尺寸尽量不标注在虚线上。

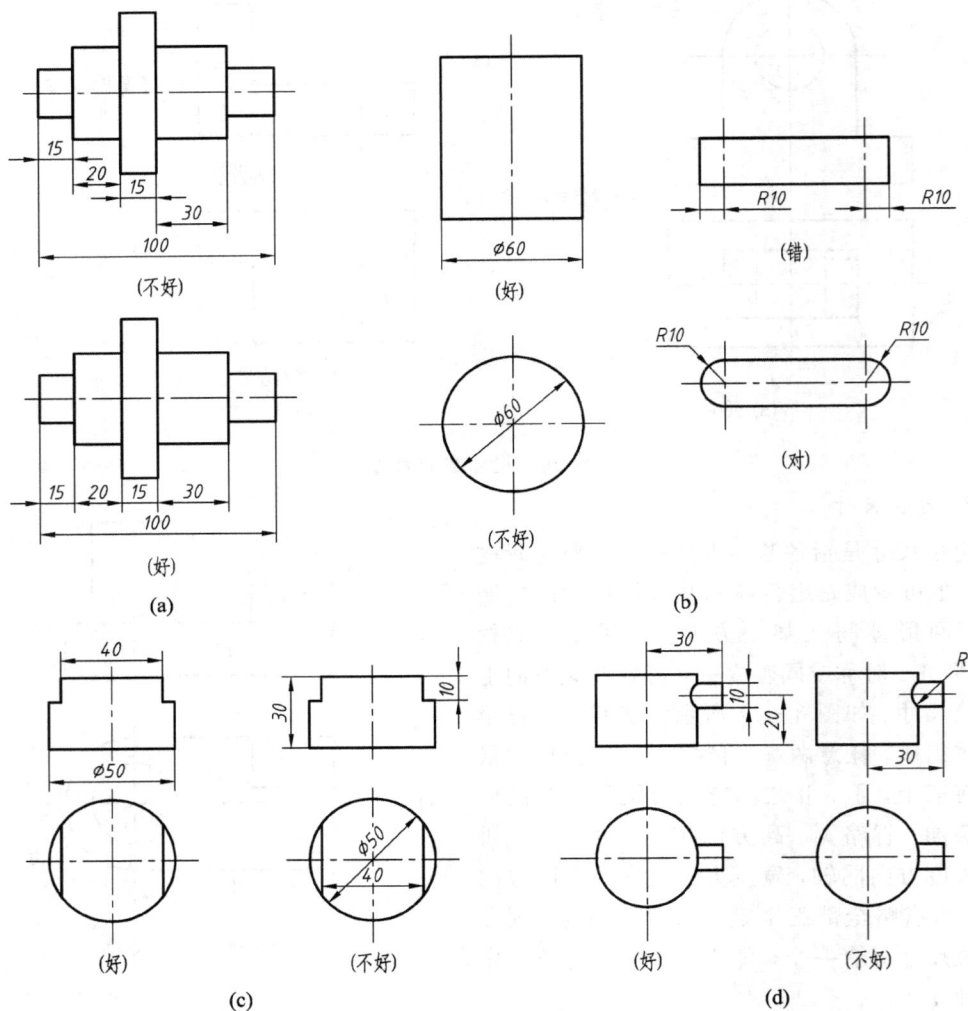

图 3-12 标注尺寸要清晰

【项目训练】 标注组合体尺寸

通过标注如图 3-13 所示组合体的尺寸，说明标注组合体尺寸的步骤。

（1）形体分析：如图 3-13 所示，该组合体由形体Ⅰ和Ⅱ后面平齐叠加后挖切Ⅲ、Ⅳ形成。

（2）选定尺寸基准：由于四个形体组合不对称，所以选用Ⅰ的底面作高度基准，右端面作长度基准，后面作宽度基准，如图 3-13 所示。

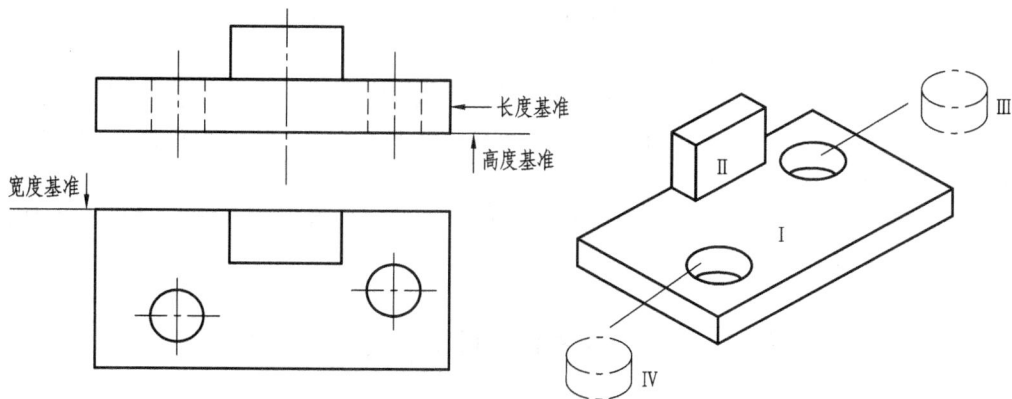

图 3-13 标注尺寸(一)

(3) 标注定形尺寸:如图 3-14(a)所示,形体 I 标注三个定形尺寸,形体 II 标注三个定形尺寸,形体 III、IV 与形体 I 同高,其高度尺寸可省略,则标注一个定形尺寸。

(4) 标注定位尺寸:如图 3-14(b)所示,形体 II 和 I 宽度方向平齐,高度方向叠加,因此宽度方向、高度方向定位尺寸可省略,只标注一个长度方向的定位尺寸;形体 I 和 IV

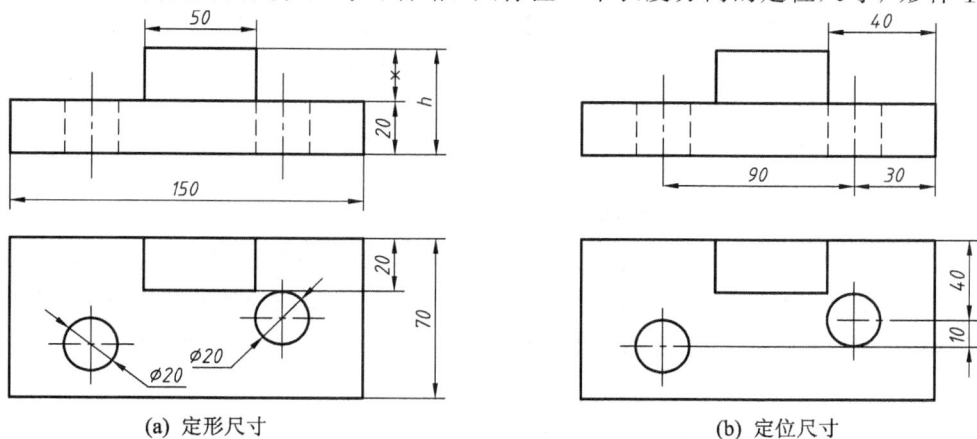

(a) 定形尺寸

(b) 定位尺寸

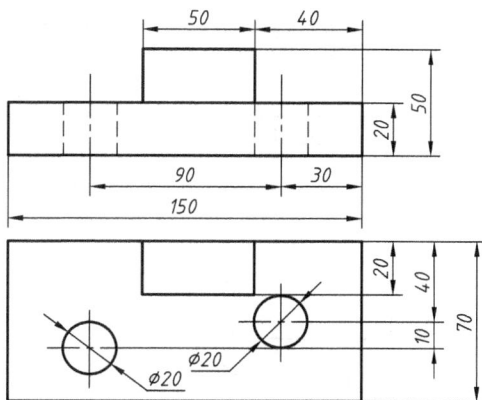

(c) 完成(把 a、b 两图合二为一即可)

图 3-14 标注尺寸(二)

高度方向平齐挖切，故可省略高度方向定位尺寸，标注两个定位尺寸(长度、宽度)；形体Ⅲ和Ⅰ同样也只标注长度、宽度两个定位尺寸。

(5) 调整总体尺寸：形体Ⅰ的长、宽、高定形尺寸既为总体尺寸，需加总高 h，则在同方向上减掉一个定形尺寸；形体Ⅱ的高度尺寸与尺寸基准无关，故去掉形体Ⅱ的高度尺寸较好，如图 3-14(a)所示。

(6) 检查：检查每个形体的定形、定位和总体尺寸，是否满足清晰、明显、集中的原则，如图 3-14(c)所示。

项目三　读组合体视图的方法

读图和画图是本课程的两个主要任务，画图是把空间的组合体用正投影法表示在平面上，而读图则是根据平面图形运用正投影的规律来想象出空间组合体的形状。读图的方法有两种——形体分析法和线面分析法，本节只介绍形体分析法。

任务 1　概念

形体分析法就是把组合体大致分为几部分，然后将每一部分的几个投影进行分析，想象它们的形状，最后根据它们的相对位置关系想象出整体形状。

任务 2　读图的要点

1. 从反映形状特征的视图(主视图)读起

前文提到主视图是最能体现形体主要特征的视图，因此读图时应先读主视图，然后再联系其他视图分析出各基本体之间的相对位置关系，进而明白空间形体的结构形状。图 3-15 主视图反映了整个组合体和件Ⅰ的形体特征，件Ⅱ的形体特征从俯视图上得到。

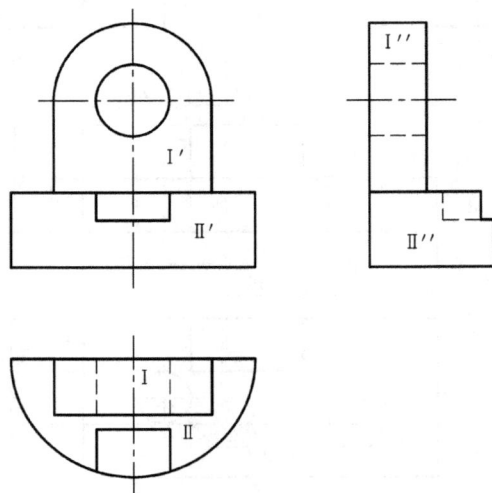

图 3-15　从主视图入手

2. 几个视图联系起来读

一个视图或两个视图不能确定形体的形状和相邻表面的相互位置。如图 3 - 16（a）、（b）、（c）所示，主视图都是相同的，但却表示三种不同形体：（a）三棱锥台、（b）圆锥台、（c）四棱锥台。由此可知一个视图很难确定物体的形状，一般情况下两个视图就可以确定，但特殊情况下两个视图也不能确定物体的形状。例如，图 3 - 16（d）中有三个物体，其主视图、俯视图相同，但无法确定物体的形状，只能通过第三视图才能确定究竟是三棱柱、四棱柱或四分之一圆柱。

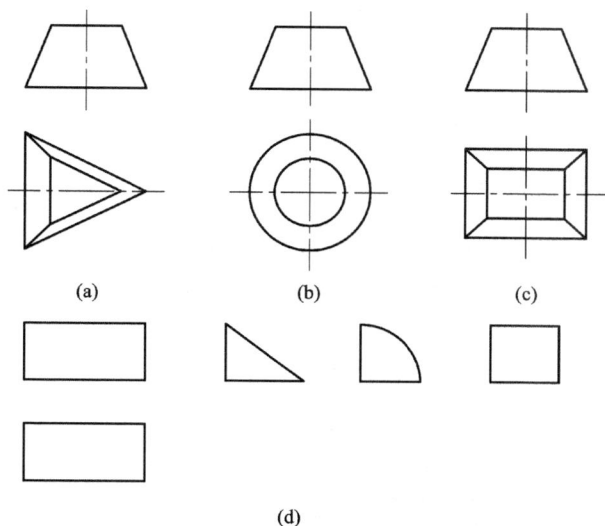

图 3 - 16　几个视图联系起来读

3. 弄清视图中"图线"和"图框"的含义

不仅要几个视图联系起来读，还要对视图中的每个线框和每条图线的含义进行分析，才能逐步想象出物体的完整形状。构成物体的各个表面，不论其形状如何，它们的投影如果不具有积聚性，一般都是一个封闭线框。当两线框有公共线时，它们所表示的两个面可能相交，也可能交错，如图 3 - 17 所示。

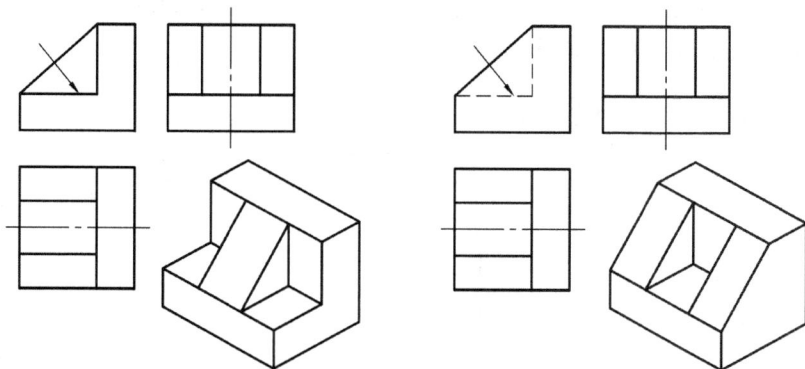

图 3 - 17　弄清视图中"图线"和"图框"的含义

任务3 读图的方法和步骤

1. 利用视图,抓特征分解形体

以主视图为主,配合其他视图,找出反映物体特征较多的视图,从图上将物体分解为几部分。

2. 对照投影,确定形体

利用投影规律,画出每一部分的三个投影,想象出它们的形状。

3. 综合起来想象整体

抓住位置特征视图,分析各部分间的相互位置关系,综合起来想象出物体的整体形状。

【项目训练】 读组合体视图

如图3-18所示物体的三视图,请分析形体,想象空间结构。

(1)利用视图,抓特征分解形体:从主视图入手,将图3-18的组合体分解成Ⅰ、Ⅱ、Ⅲ部分。

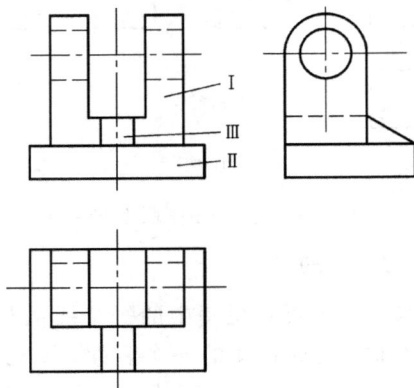

图3-18 组合体的三视图

(2)对照投影,确定形体:在其他视图上找出相应的投影,如图3-19所示。根据每一部分投影想象出各部分形状,如图3-20所示。

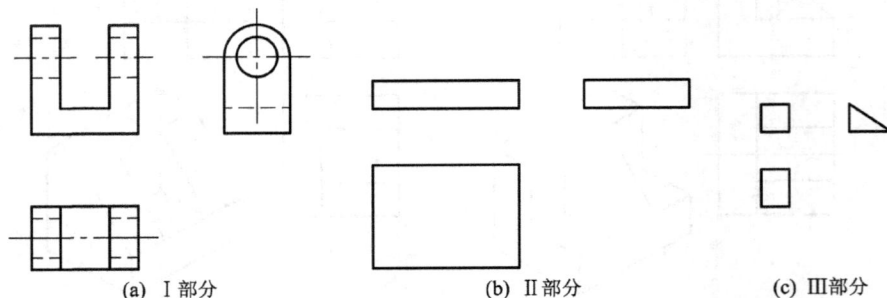

(a) Ⅰ部分   (b) Ⅱ部分   (c) Ⅲ部分

图3-19 各部分三投影

(a) Ⅰ部分

(b) Ⅱ部分

(c) Ⅲ部分

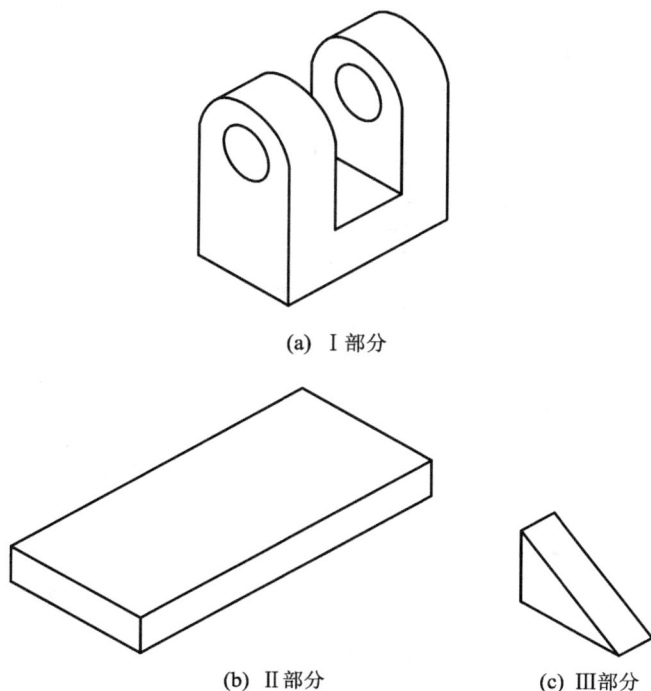

图 3-20 各部分形状

（3）综合起来想象整体：确定各部分的相互位置。形体Ⅰ和形体Ⅱ后面平齐叠加，中心对称；形体Ⅲ与Ⅱ、Ⅰ中心对称，叠加于Ⅱ上，且后面与Ⅰ相接。综合想象组合体的形状，如图 3-21 所示。

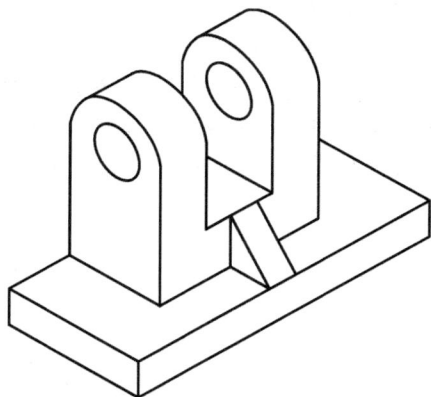

图 3-21 组合体形状

项 目 四 轴 测 投 影 图

工程上一般采用正投影法绘制投影图，它可以完全确定物体的形状和大小，如图 3-22（a）所示，依据这种图样可制造所表示的物体。但它的立体感不强，对于缺乏读图基础的人，难于理解。如采用轴测图投影来表达同一物体，如图 3-22（b）所示，则缺乏读图基础的人也易于读懂。但是轴测投影一般不易反映各表面的实形,且度量性差,同时作图较正投影复杂。因此,轴测图往往不作为正式的生产图样,而作为辅助图样来帮助人们读懂正投影图,以弥补正投影图的不足。

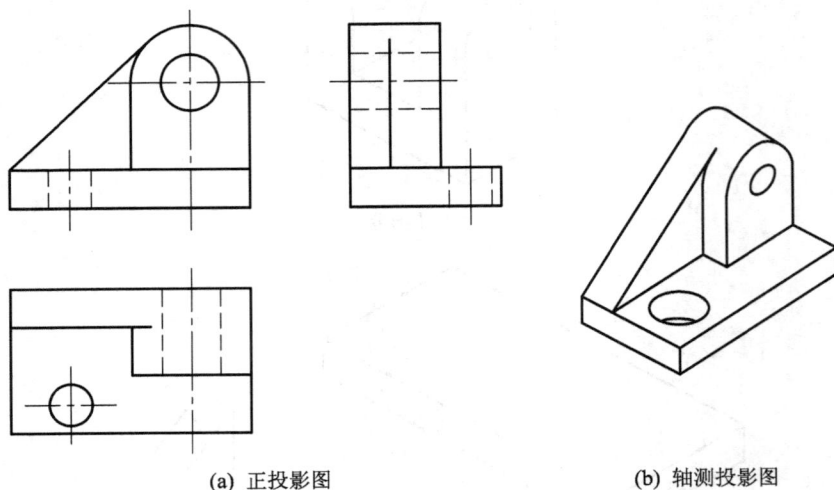

(a) 正投影图　　　　　　　　　　　　　　(b) 轴测投影图

图 3-22　正投影与轴测投影图

任务 1　轴测图的基本知识

1. 轴测图的形成

如图 3-23 所示,在原三投影体系中,任选位置设一平面 P 称为轴测投影面。将物体和在空间确定该物体的直角坐标系(OX,OY,OZ)一起按箭头 S 所示方向,用平行投影法投影到轴侧投影面 P 上所得的图形,称为轴测投影图,简称轴测图;空间坐标轴 OX、OY、OZ 在 P 面上的投影 O_1X_1、O_1Y_1、O_1Z_1 称为轴测轴;轴测轴之间的夹角 $\angle X_1O_1Y_1$、$\angle X_1O_1Z_1$、$\angle Y_1O_1Z_1$ 称为轴间角。轴向变形系数为轴测轴上的投影长度与空间直角坐标轴上对应的实际长度之比,分别用 p、q、r 代表 OX、OY、OZ 轴的轴向变形系数。

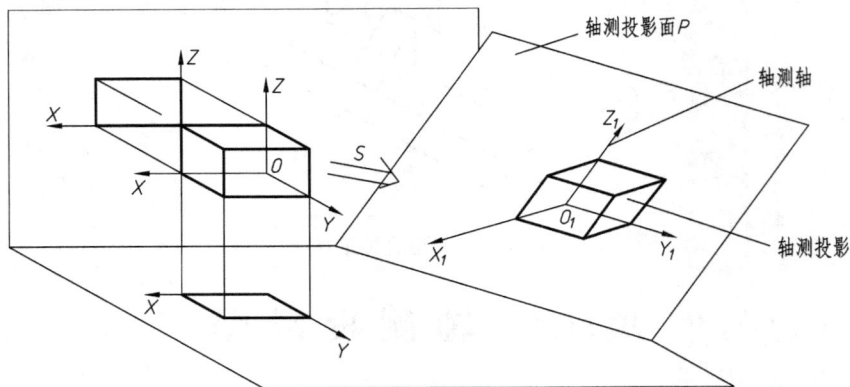

图 3-23　轴测图的形成

2. 投影特性

由于轴测图是用平行投影法得到的,它具有如下投影特性:

(1) 物体上互相平行的线段,在轴测图上仍互相平行。

(2) 物体上与坐标轴平行的线段,在轴测图上也必平行于相应的轴测轴。

任务 2　正等轴测图

1. 正等轴测图的形成

当空间的直角坐标轴向轴测投影面倾斜的角度相同时,用正投影法得到的投影图称为正等轴测图,简称正等测图。由上述概念可知其三个轴间角都相等,且为120°,如图 3 - 24 所示。由理论推导可知,正等测图的轴向变形系数 $p=q=r=0.82$,为了作图简便,通常取 $p=q=r=1$,这样只是把原物体放大,并不影响其立体感和形状的表现,如图 3 - 25 所示。

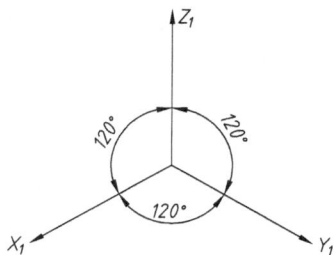

图 3 - 24　正等测图轴间角

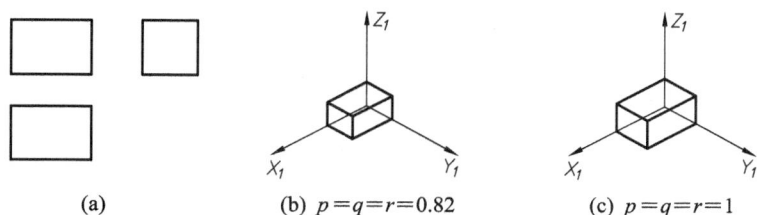

(a)　　　　　　　(b) $p=q=r=0.82$　　　　　(c) $p=q=r=1$

图 3 - 25　不同变形系数的正等测图

2. 平面立体正等测图画法

在画轴测图时,应首先选定坐标系,先画出轴测轴,再测量长度逐一绘制出相应线段。需注意,一般只画可见轮廓线。

例 1　绘制正六棱柱的正等测图,如图 3 - 26(a)所示。

解　(1) 选定顶面对称中心 O 为原点,Z 轴与棱线平行,X、Y 轴与对称中心线重合,如图 3 - 26(a)所示。

(2) 画轴测轴 X_1、Y_1、Z_1,如图 3 - 26(b)所示。

(3) 分别取 $o1=O_11$,$o4=O_14$,$om=O_1M$,$on=O_1N$,过 M、N 作 X 轴的平行线,在平行线上取 5、6、2、3 点,连接即得顶面,如图 3 - 26(b)所示。

（4）由各端点沿 Z 轴方向量取 h，即得底面，如图 3-26(b)所示。

（5）擦去不可见线，如图 3-26(c)所示。

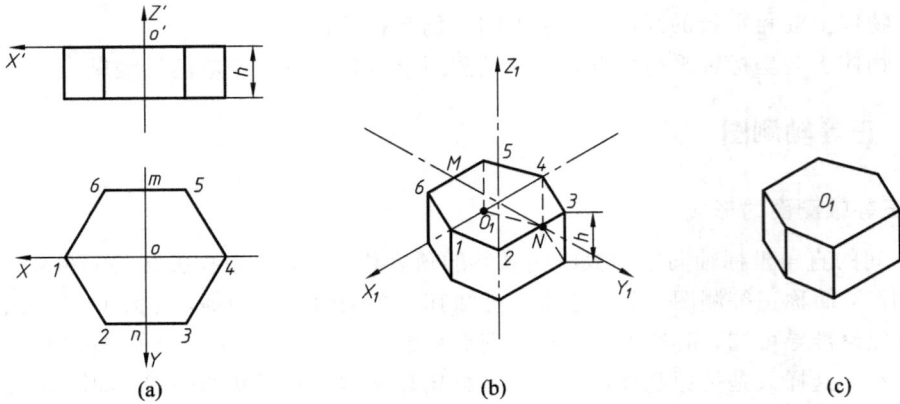

图 3-26　正六棱柱的正等测图

例 2　求作图 3-27 所示的正等测图。

解　该物体可看做一个长方体切去一个$(a-c)\times b\times(h-g)$的长方体，再切去一个 $e\times d\times g$ 的长方体形成。要画出该切割体的立体图，首先画出大长方体的轴测图，根据尺寸 c、g 切去左上角的长方体，再由 e、d 切去左端中间的长方体，最后擦去多余线即得。作图步骤如图 3-28 所示。

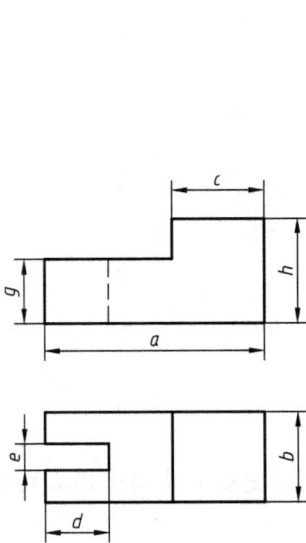

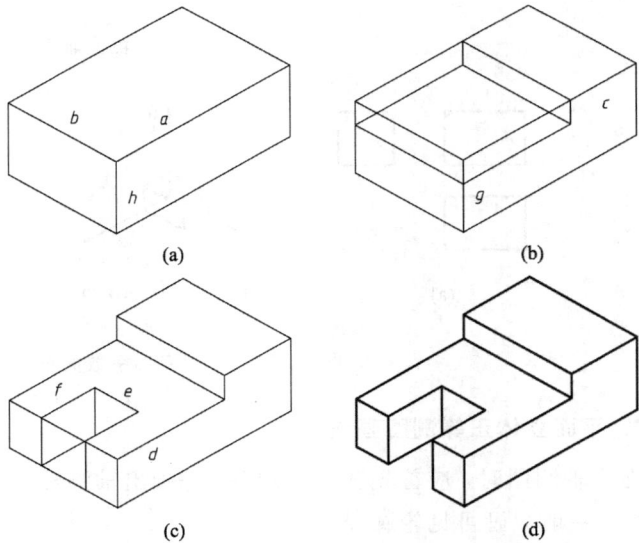

图 3-27　切割体　　　　图 3-28　切割体轴测图

3. 曲面立体的正等测图的画法

一般情况下，圆平行于某一坐标面，在画轴测图时，轴测投影面与这些坐标面是倾斜的，所以圆的正等测图为椭圆。椭圆的画法有两种，坐标法和四心圆法。一般情况下不用坐标法，而用四心圆法。

例 3 求水平面上圆的轴测图。

(1) 画轴测轴，取长度 $O1 = O_11$，$O2 = O_12$，$O3 = O_13$，$O4 = O_14$，过 1，2，3，4 点作 X_1、Y_1 轴的平行线得交点 A、B、C、D，则 AB 为长轴，CD 为短轴，如图 3 - 29(b) 所示。

(2) 连接 $C1$、$C3$ 交 AB 于 O_2、O_3，如图 3 - 29(c) 所示。

(3) 以 C 为圆心、$C1$ 为半径画弧得 $\overset{\frown}{13}$，以 D 为圆心、$D4$ 为半径画弧得 $\overset{\frown}{24}$，以 O_2 为圆心、O_24 为半径画弧得 $\overset{\frown}{14}$，以 O_3 为圆心、O_32 为半径画弧得 $\overset{\frown}{23}$，如图 3 - 29(d) 所示。

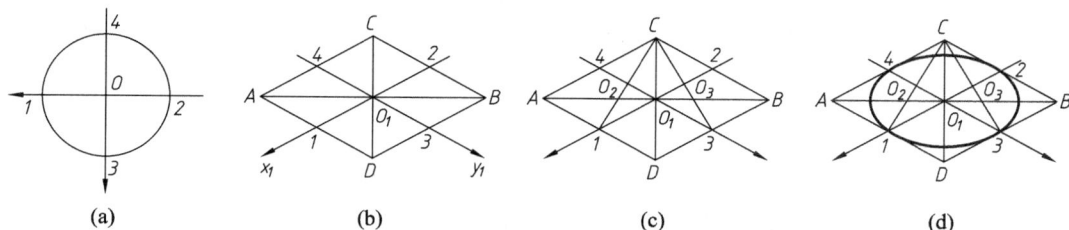

图 3 - 29 作水平面上圆的轴测图

正平面和侧平面上圆的轴测图画法同上，但长短轴方向不同，如图 3 - 30 所示。

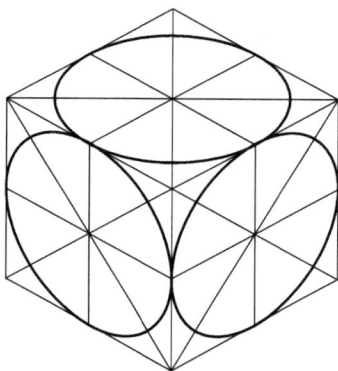

图 3 - 30 各平面上圆的轴测图

例 4 求圆锥台的正等轴测图，如图 3 - 31(a) 所示。

解 设下底面圆心为 O 点，圆锥台轴线为 Z 轴，上下底面均平行于 XOY 面。

(1) 画出轴测轴 X_1、Y_1、Z_1。

(2) 画底圆：根据 ϕD 得到 1、2、3、4 点，作平行于 X_1、Y_1 的直线交于 A、B、C、D 点。AB 为长轴，CD 为短轴，根据四心圆法求得底圆，如图 3 - 31(b) 所示。

(3) 画顶椭圆：由 O_1 沿 Z_1 轴取 h，得顶椭圆中心 O_2，同第(2)步作出顶椭圆，如图 3 - 31(b) 所示。

(4) 连接公切线，如图 3 - 31(b) 所示。

(5) 去除不可见线，如图 3 - 31(c) 所示。

例 5 绘制带圆角平板的正等轴测图，如图 3 - 32 所示。

在机件上经常会遇到图 3 - 32 所示的情况，在轴测图上这些圆角为 1/4 椭圆弧，往往用圆弧代替。

(1) 作长方体的轴测图，如图 3 - 32(b) 所示。

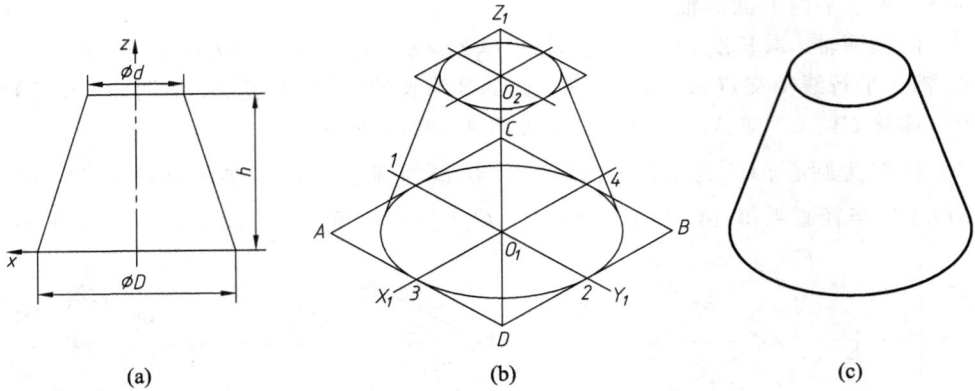

(a)　　　　　　　　　　(b)　　　　　　　　　　(c)

图 3-31　圆锥台的正等轴测图

（2）由角顶沿两边分别量取 R 得 1、2 两点。

（3）过 1、2 点分别作直线垂直于圆角两边，这两垂线的交点 O，即为圆弧的圆心。

（4）过 O 以 $O1$ 为半径作弧 $\overset{\frown}{12}$，如图 3-32(b)所示。

（5）由 O 沿 $Z1$ 轴方向作线，取 $OO_1=h$，O_1 为底面圆弧中心，以 $O1$ 为半径画弧，在小圆弧处作两圆的公切线，如图 3-32(c)所示。

（6）擦去不可见线和不存在的线，如图 3-32(d)所示。

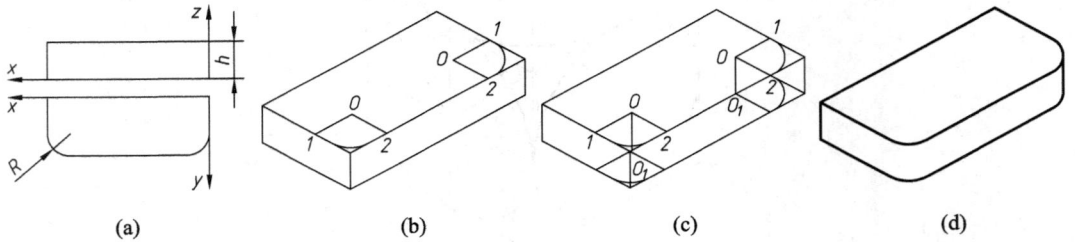

(a)　　　　　　　　(b)　　　　　　　　(c)　　　　　　　　(d)

图 3-32　带圆角平板的正等测图

第 4 章　物体常用的表达方法

根据使用要求的不同，机件（包括零件、部件和机器）的结构形状是多种多样的，在表达机构形状时要求：

（1）读图方便。

（2）完整、清晰地表达。

要达到这些要求，仅用三视图是不够的，为此《机械制图》国家标准中规定了机件的各种表达方法，本章主要介绍视图、剖视图、断面图等常用表达方法。

项目一　视　　图

视图主要用来表达机件的外部结构形状。视图分为基本视图、辅助视图、向视图、局部视图和斜视图。

任务 1　基本视图

在原有三投影视图体系的基础上，增加三个平面（与原来的三个投影面均垂直）形成六面体，这六个投影面叫基本投影面。各投影面的展开方法如图 4 - 1(b)所示。

机件平放于六面体中间，向基本投影面上投影，得到的视图叫基本视图。其配置关系如图 4 - 1(c)所示。

各基本视图的定义如下所示：

（1）主视图——由前向后投影所得的视图。

（2）俯视图——由上向下投影所得的视图。

（3）左视图——由左向右投影所得的视图。

（4）右视图——由右向左投影所得的视图。

（5）仰视图——由下向上投影所得的视图。

（6）后视图——由后向前投影所得的视图。

在画图时不是任何机件都需画六个基本视图，应根据机件的复杂程度选择基本视图数量，并且优先选择主视图、俯视图和左视图。

(a)　　　　　　　　　　　　　　(b)

(c)　　　　　　　　　　　　　　(d)

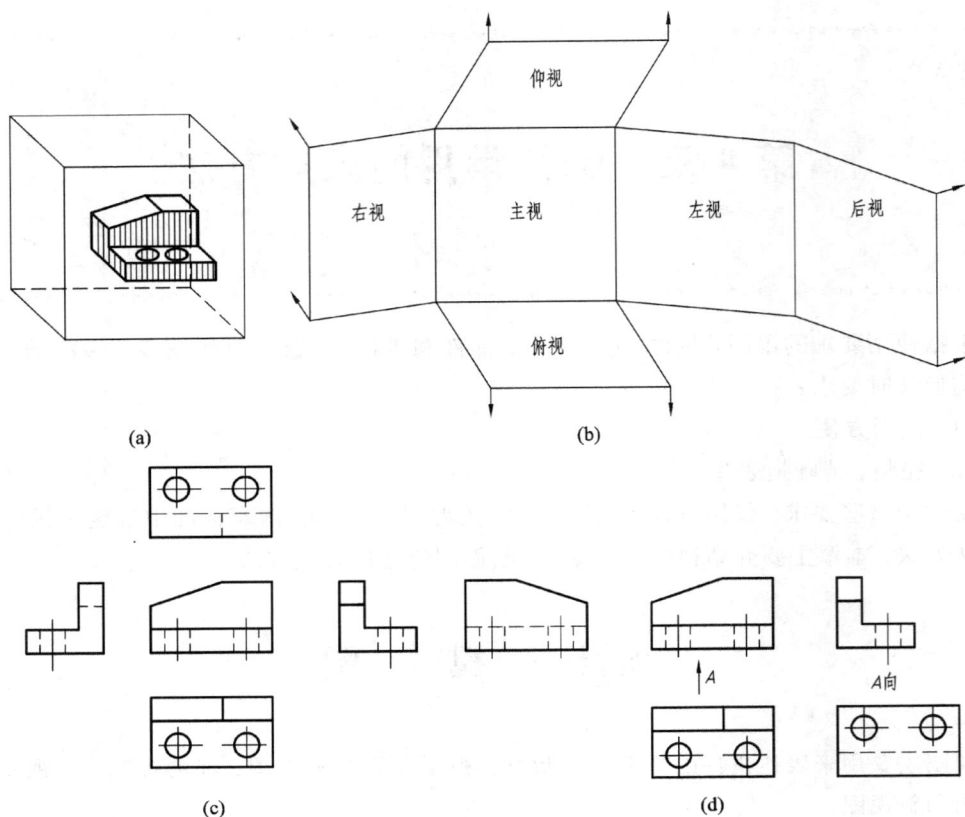

图 4-1　六个基本视图

【任务训练】　绘制组合体基本视图

以图 4-2 为例说明组合体基本视图的绘制方法。

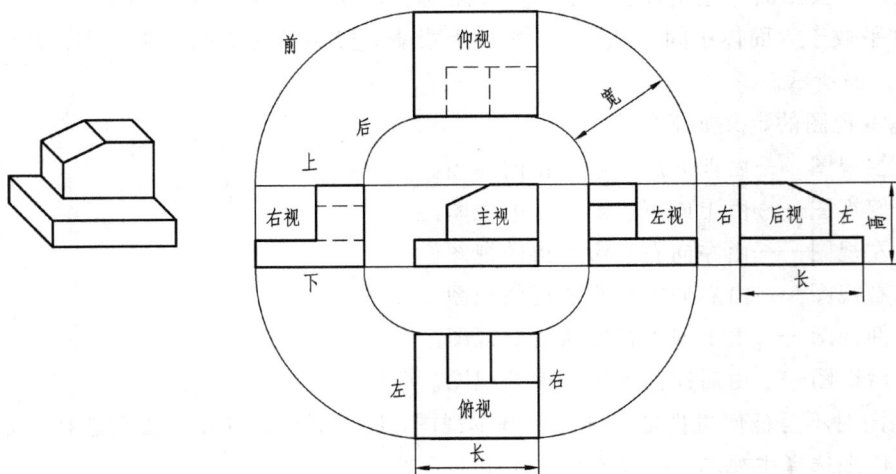

图 4-2　基本视图的绘制

（1）度量对应关系：仍遵守投影规律。

（2）方位对应关系：除后视图外，靠近主视图的一边是物体的后面，远离主视图的一边是物体的前面。

（3）表达机件时，不是必须用到六个基本视图。表达原则：确保机件图样表达正确、清晰、完整；优先选择主视图、俯视图、左视图。

任务 2　向视图

在同一张图纸内，若不能按照 4-1(c) 配置视图，应在视图上标出视图的名称"X 向"，在相应的视图附近用箭头指出投影方向，并注上同样的字母，这种视图叫向视图，如图 4-1(d) 所示。

任务 3　局部视图

当采用一定数量的基本视图后，该机件仍有部分结构形状尚未表达清楚，而又没有必要画出完整的基本视图时，可单独将这一部分的结构形状向基本投影面投影，所得到的不完整的基本视图叫局部视图，如图 4-3(b) 所示。

【任务训练】　绘制组合体局部视图

（1）画法：如图 4-3 所示，该形体主、俯视图画完后，仍有两侧凸台和肋厚不能表达清楚，因此需画出表达这些部分的局部左视图和局部右视图，局部视图的断裂边界用细波浪线画出，如图 4-3(b) 右上图所示；当表达的局部结构完整且外形轮廓线封闭时，波浪线可省略，如图 4-3(b) 右下图所示。

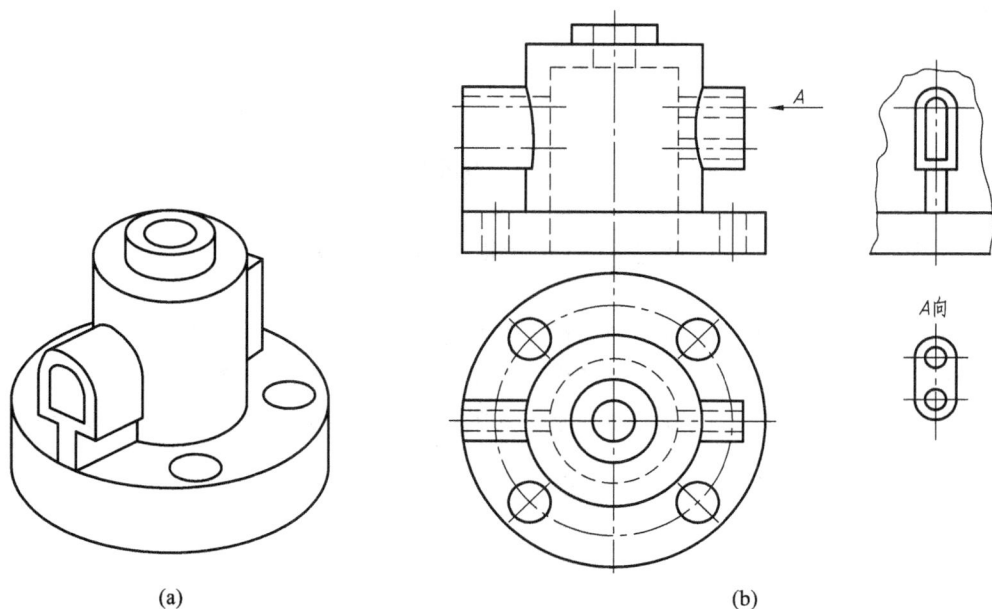

(a)　　　　　　　　　　　(b)

图 4-3　局部视图

（2）标注：画局部视图时应用箭头示意投影方向，并标上字母，在局部视图处写上"X向"，在相应的视图附近用箭头指明投影方向，并注上同样的字母，如图4-3中的A向。当局部视图按投影关系配置，中间又没有其他图形隔开时，可省略标注，如图4-3右上角局部视图所示。

（3）绘制组合体局部视图时应注意如下三点：

① 用带字母的箭头指明要表达的部位和投射方向，并注明视图名称。

② 局部视图的范围用波浪线表示。当表示的局部结构是完整的且外轮廓封闭时，波浪线可省略。

③ 局部视图可按基本视图的配置形式配置，也可按向视图的配置形式配置。

任务4　斜视图

若机件上某一结构形状是倾斜的，无法在基本视图上得到它的实形，此时应选用斜视图。斜视图就是机件向不平行于任何基本投影面的平面投影所得到的视图。

画斜视图时只画倾斜部分，用波浪线把倾斜部分与其他部分断开。在视图的上方标出视图的名称"X向"，在相应的视图附近用箭头指明投影方向，并注上同样的字母。一般情况下斜视图按投影关系配置，必要时配置在其他适当位置。在不致引起误解时，允许将图形旋转，标注形式如图4-4所示。

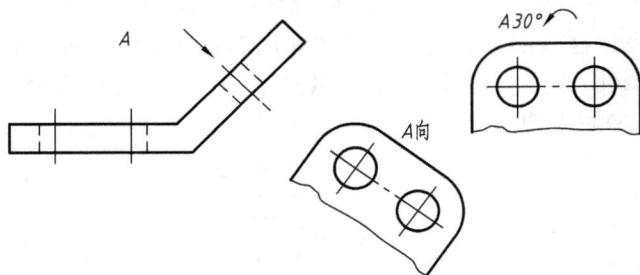

图 4-4　斜视图

项目二　剖　视　图

视图是表达机件形状的基本方法。在绘制视图时，可见轮廓线用实线表示，不可见轮廓线用虚线表示。当机构的内部结构形状越复杂时，虚线就越多，这就造成视图表达不清晰，给读图和尺寸标注带来很多不便。为了克服这个缺点，引入剖视图，它可更清晰地表达机件内部的结构形状特征。

任务1　剖视的概念

1. 剖视的概念

假想用一剖切平面将机件剖开，去掉观察者与剖切平面间的部分，余下部分向投影面投影所得图形，就形成了剖视图，如图4-5所示。

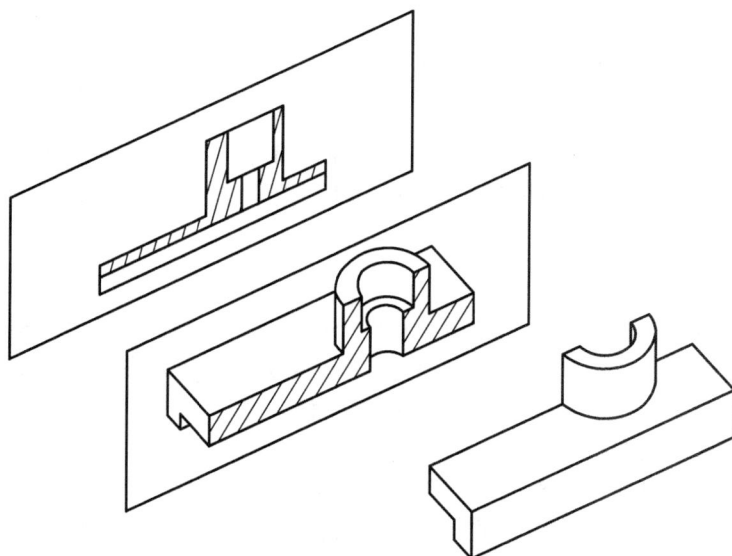

图 4-5　剖视图的形成

2. 断面

断面是剖切平面与机件相交所得的交面。国家标准规定在断面上应画上剖面符号,剖面符号根据材料的不同而不同,见表 4-1。在机械行业中最常用的材料是金属材料,它的剖面符号是与水平方向成 45°角且间隔均匀的细实线,左右倾斜均可,并且在同一机件上剖面线的间隔和倾斜方向应一致。

表 4-1　剖面符号(摘自 GB/T 4457.5—1984)

材料类型	剖面符号	材料类型	剖面符号	材料类型	剖面符号
金属材料(已有规定剖面符号者除外)		混凝土		砖	
型沙、填沙、粉末冶金、砂轮、硬质合金刀片等		非金属材料(已有规定剖面符号者除外)		玻璃及其他透明材料	
转子、电枢、变压器等叠钢片		液体		线圈绕组元件	

3. 剖视图的画法

1) 剖面的选择

剖切平面应取为投影面的平行面且最能清楚地表达内部结构的位置,剖面选择的不同就会形成不同的剖视图。

2）画出断面形状

画出剖切平面与机件相交所得的平面，并加注剖面线。

3）完成剖视图

画出断面后面的可见部分（如上台面、台阶面、下台面、键槽轮廓线等），画出断面后的不可见部分（表示台阶高度的线）。如其他视图上已表达清楚该部分内容，则虚线可省略。

4）标注

在剖切面垂直的投影面内用剖切符号（宽 1～1.5 mm、长 5～10 mm 粗实线）表示出剖切位置，在剖切符号两侧垂直画出两个箭头，表示投影方向，在箭头两侧标上相同字母"X"，在剖视图上方写上"$X-X$"表示剖视图的名称。

以下情况标注可省略：

（1）当剖切后的图形按投影关系配置，中间无其他视图隔开时，可省去箭头。

（2）当剖切面与机件对称平面重合且剖切后按投影关系配置，中间无其他视图隔开时可不必标注。

5）画剖视图应注意的几点

（1）剖视图是一种假想画法，并没有真正剖去，所以当一个视图画成剖视图后，其他视图均按机件完整时的情形画出。

（2）剖切平面应尽量通过被剖切机件的对称中心、孔槽中心线。

（3）在剖视图上对已表达清楚的结构，虚线可省略。

任务2　剖视图的种类

根据剖切范围的大小，剖视图可分为全剖视图、半剖视图和局部剖视图。

1. 全剖视图

全剖视图是指剖切平面完整地剖开机件所得到的剖视图。图 4-5 的主视图都是全剖视图。

全剖视图主要用于表达外形简单、内形复杂的机件，标注同前述。

2. 半剖视图

当机件具有对称平面时，在垂直于对称平面的投影面上投影所得的图形，以对称中心线为界，一半画成剖视，另一半画成视图，如图 4-6 所示。

半剖视图主要用于表达内、外形状都需表达的对称机件（图 4-6 中主、俯视图）或机件形状接近对称且不对称部分已另有视图表达清楚，如图 4-6 中左视图所示，标注同前述。

画半剖视图时应注意：

（1）半个剖视和半个视图上已表达清楚的内部结构虚线可省略。

（2）半个剖视和半个视图的分界线应是点画线，而不是其他任何线型。

（3）机件虽对称，但对称面上有轮廓线时，不宜作半剖视图，而应采用局部剖视，如图 4-7 所示。

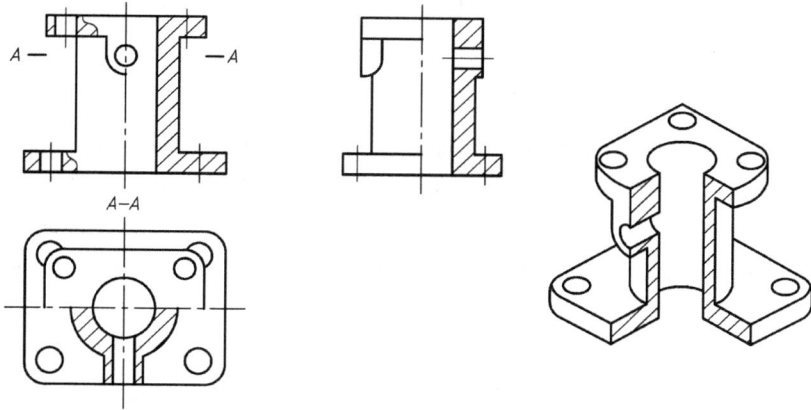

图 4-6　半剖视图

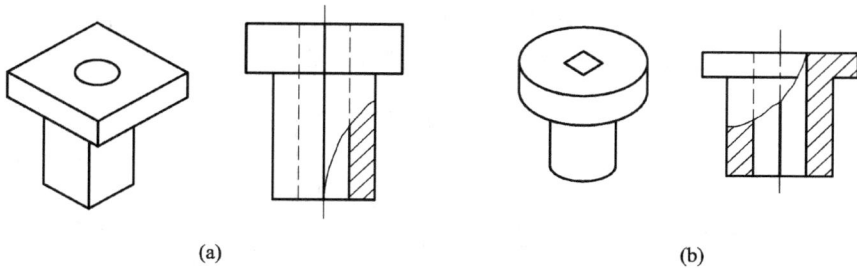

(a)　　　　　　　　　　　　　　　　　　(b)

图 4-7　不宜作半剖的机件

3. 局部剖视图

用剖切平面局部地剖开机件，所得到的剖视图叫局部剖视图。如图 4-6 所示主视图底板上的孔，和图 4-7 所示的机件。

局部剖视图主要用来表达不对称机件的内、外形结构和不宜作半剖视图的结构。在画局部剖视图时，用波浪线把视图与剖视部分隔开。画波浪线应注意：

(1) 波浪线不能与图形轮廓重合，不能超出轮廓线之外，如图 4-8 所示。

(2) 波浪线如遇通孔、槽应断开，如图 4-8 所示。

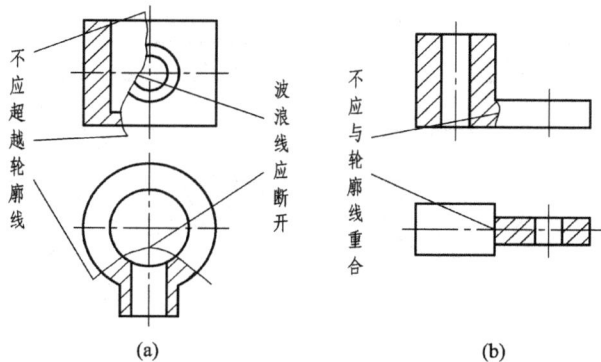

(a)　　　　　　　　　　　　　　　　(b)

图 4-8　波浪线画法

局部剖视图一般不用标注，并且应用范围灵活，但局部剖视图不易应用过多，以免图形杂乱。

【任务训练】 绘制组合体的剖视图

(1) 选择剖面：剖切平面应取为投影面的平行面且最能清楚地表达内部结构的位置，选择不同剖面就会形成不同的剖视图，如图 4-9(b)所示零件台阶孔和大孔，作剖视图就是为了反映这些结构的形状，所以选择过两孔中心线的对称平面作剖切平面。

(2) 画出断面：画出剖切平面与机件相交所得的平面，并加注剖面线，如图 4-9(c)所示。

(3) 完成剖视图：画出断面后面的可见部分(如上台面、台阶面、下台面、键槽轮廓线等)，画出断面后的不可见部分(表示台阶高度的线)，如其他视图上已表达清楚该部分内容，则虚线可省略，如图 4-9(d)所示。

(4) 标注：在剖切面垂直的投影面内用剖切符号(宽 1~1.5 mm、长 5~10 mm 粗实线)表示出剖切位置，在剖切符号两侧垂直画出两个箭头，表示投影方向，在箭头两侧标上相同字母"X"，在剖视图上方写上"X-X"表示剖视图的名称，如图 4-9(e)所示。

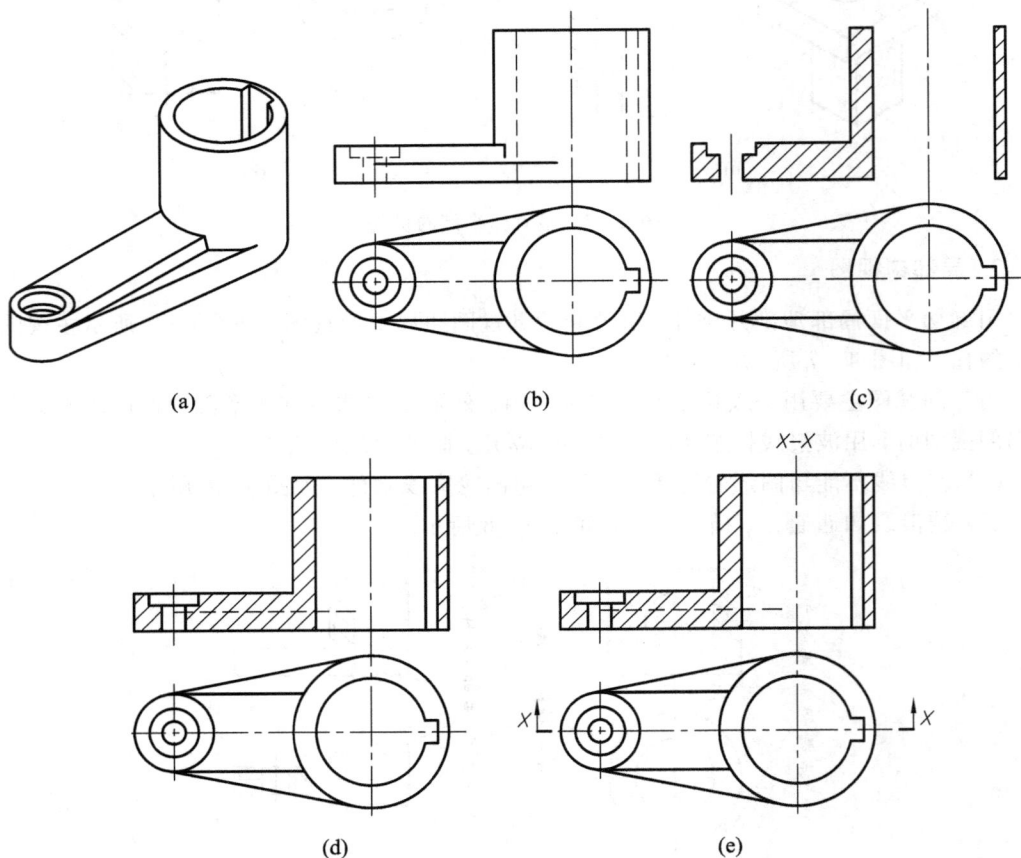

(a)　　　　　　　　(b)　　　　　　　　(c)

(d)　　　　　　　　(e)

图 4-9　剖视图的画法

任务 3　剖切方法

1．单一剖切面剖切

用一个剖切面剖切机件的方法，称为单一剖切面剖切。前面讲到的全剖视图、半剖视图和局部剖视图都属于单一剖切面剖切。

2．两个平行的剖切面剖切——阶梯剖

用几个平行的剖切平面剖开机件的方法称为阶梯剖，如图 4-10 所示，主要用于表达轴线不在同一平面内的内部结构形状，必须有标注，同全剖视图。在画剖视图时应注意：两剖切平面的转折平面的轮廓线不应画出，如图 4-10(c)所示；在图形中不应出现不完整要素，剖切平面转折处不应与视图中的轮廓线重合。

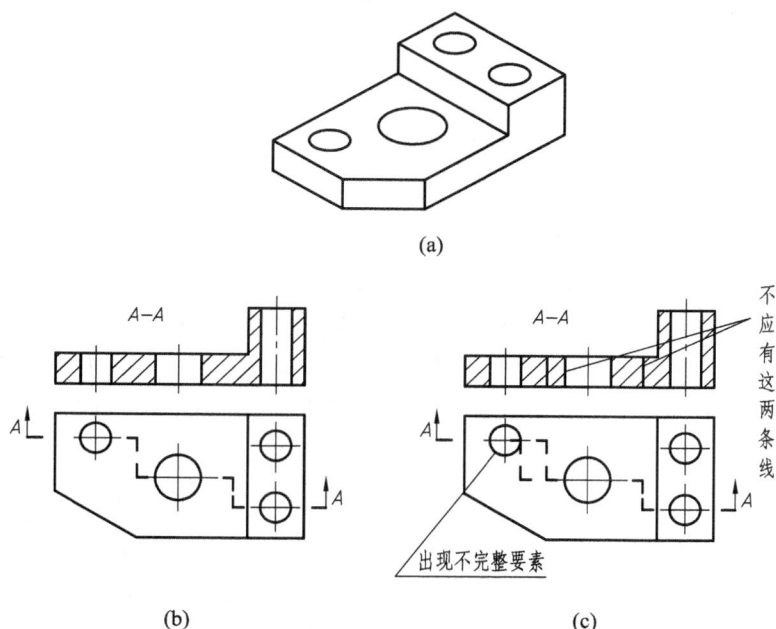

(a)

(b)　　　　　　　　　　　　(c)

图 4-10　阶梯剖

项目三　断　面　图

任务 1　断面图的概念

假想用剖切平面将机件某处切断，仅画出断面的图形，称为断面图，如图 4-11 所示。

断面图主要用来表达机件上个别部分断面的结构形状。断面图与剖视图的区别为：断面图只画机件被剖切后的断面形状；剖视图画出断面形状，还须画出断面后面的可见线和不可见线。如图 4-11(a)所示为断面图，图 4-11(b)所示为剖视图。断面图分为移出断面和重合断面两种。

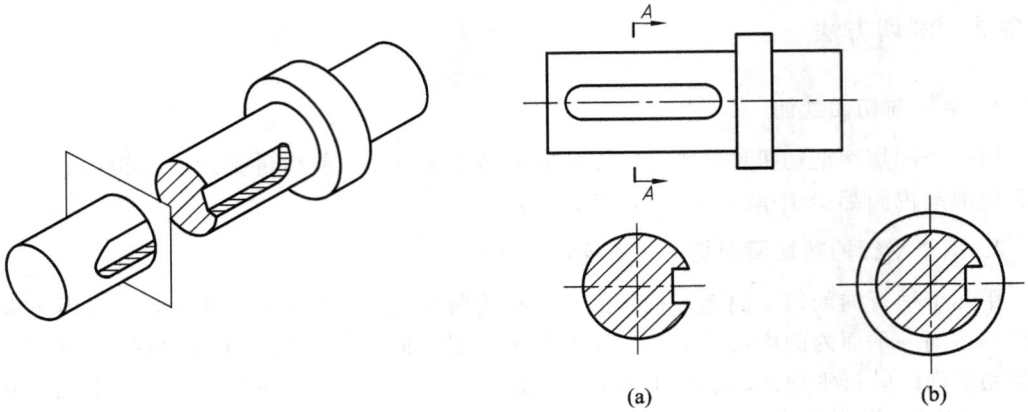

图 4 - 11 断面图

任务 2 移出断面图

画出图形外的断面图，叫移出断面图。

1. 移出断面图的画法

（1）移出断面图的轮廓线用粗实线画出。

（2）布置图形时，将移出断面尽量配置在剖切平面迹线的延长线上，如图 4 - 11(a)所示。

（3）当剖面为对称面时，可将剖面画在视图的中断处，如图 4 - 12(a)所示。

（4）为能表达出断面的真实形状，剖切平面一般应垂直于物体的轮廓。若由两个或两个以上相交剖切平面剖切得出的移出断面，中间应断开，如图 4 - 12(b)所示。

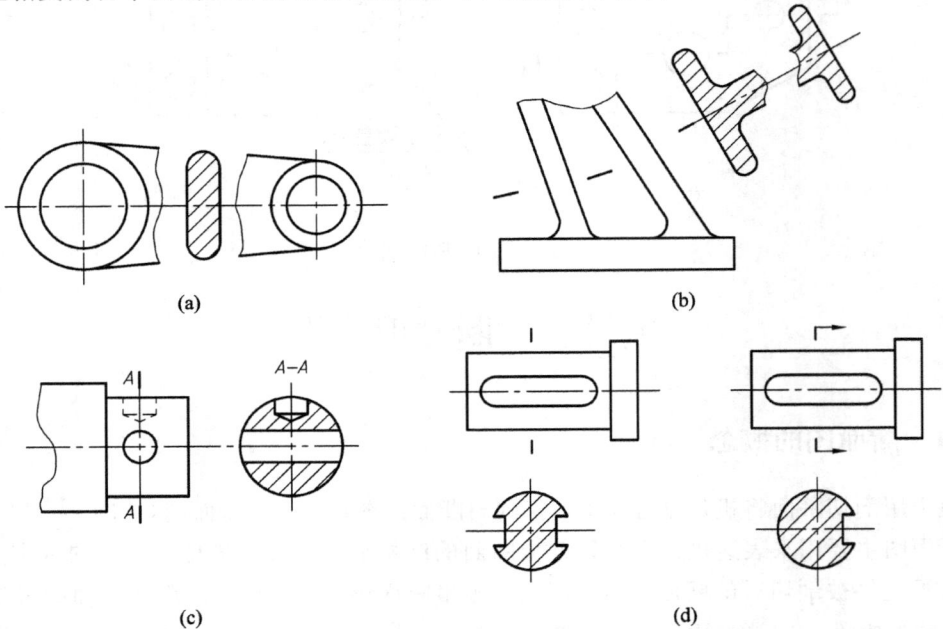

图 4 - 12 移出断面

（5）当剖切平面通过回转面形成的孔或凹坑的轴线时，这些结构按剖视画出，如图 4－12(c)所示。

2. 标注

移出断面图应用剖切符号表示剖切位置，用箭头表示投影方向，并注上字母。在断面图上方用同样的字母标出相应的名称"$X－X$"，如图 4－11(a)所示。在某些情况下，标注可省略：

（1）配置在剖切符号延长线的对称移出断面可省略箭头、字母，不对称移出断面只省略字母，如图 4－12(d)所示。

（2）按投影关系配置的移出断面，可省略箭头，如图 4－12(c)所示。

任务 3　重合断面图

画在图形里面的断面图，叫重合断面图。重合断面图可节省图幅，但注意适当应用，如图 4－13 所示。重合断面轮廓线用细实线画出，当视图中的轮廓线与重合剖面的图面重叠时，视图中的轮廓线仍需完整地画出，不可中断。重合断面对称时可省略标注，不对称时标出剖切符号及箭头，如图 4－13 所示。

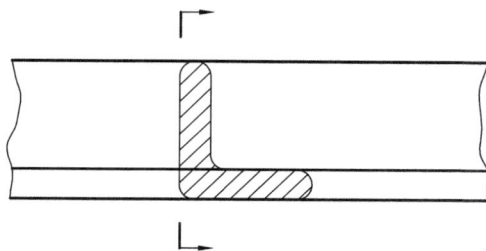

图 4－13　重合断面

【项目训练】　绘制断面图

以图 4－14 为例说明断面图的绘制方法及标注。

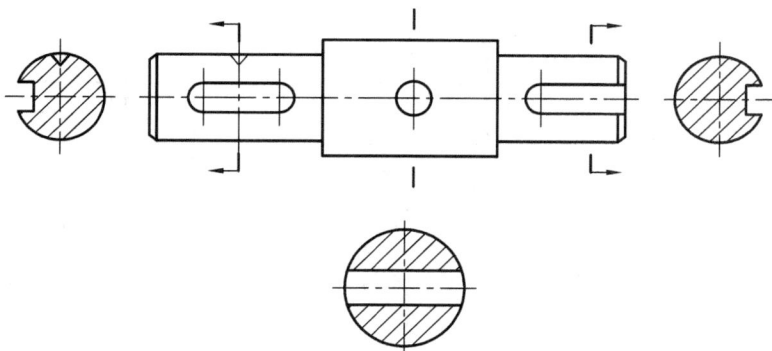

图 4－14　断面图的画法

项目四　局部放大图和简化画法

任务 1　局部放大图

　　将机件的部分结构，用大于原图形所采用的比例画出的图形，称为局部放大图。局部放大图可画成视图、剖视、断面等形式，它与被放大部分的表达方式无关，并应尽量配置在被放大部位的附近。当同一机件上有几个被放大部分时，必须用罗马数字依次标明被放大的部位，并在局部放大图的上方标注出相应的罗马数字和所采用的比例，如图 4 - 15 所示。

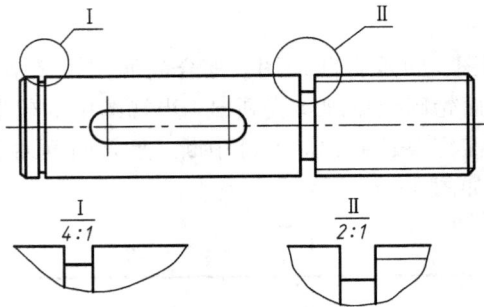

图 4 - 15　局部放大图

任务 2　简化画法

　　为使表达更方便，国家标准规定了一些简化画法，摘录见表 4 - 2。

表 4 - 2　简化画法

简 化 内 容	规 定 画 法	简 化 画 法
在不致引起误解时零件图中的移剖面，允许省略剖面符号		

简 化 内 容	规 定 画 法	简 化 画 法
对于机件的肋、轮辐及薄壁等按纵向剖切，则这些结构不画剖面符号而用粗实线将它与邻接部分分开	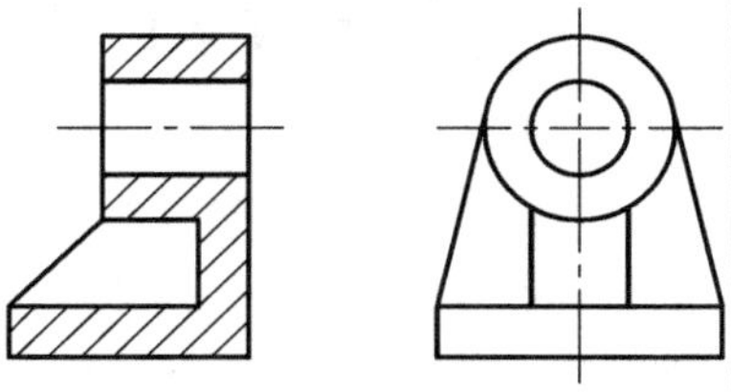	
当零件回转体上均匀分布的肋、轮辐、孔等结构不处于剖切平面时，可将这些结构旋转到剖切平面上画出	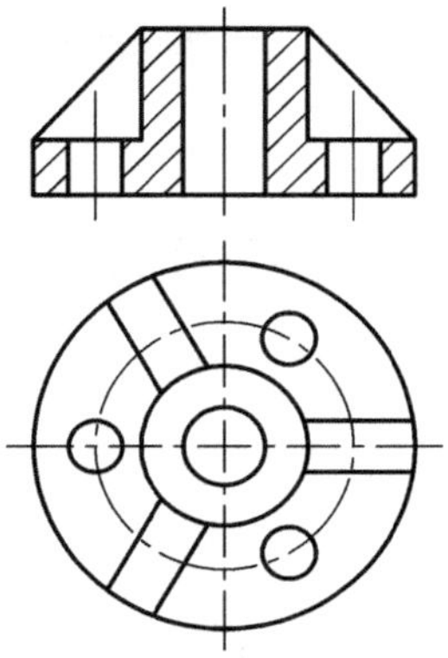	
在不致引起误解时，对于对称机件的视图可只画一半或四分之一，并在对称中心线两端画出两条与其垂直的平行细实线	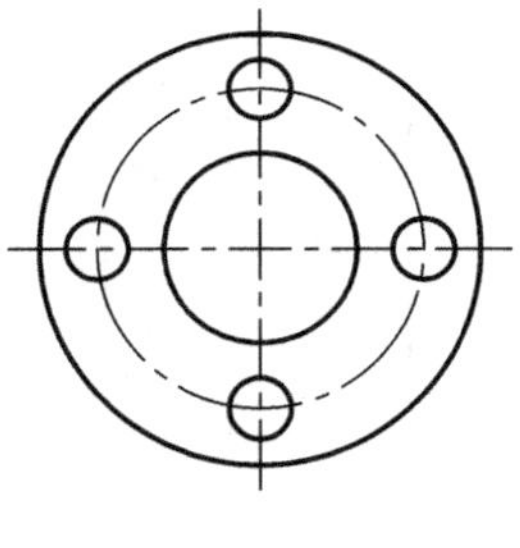	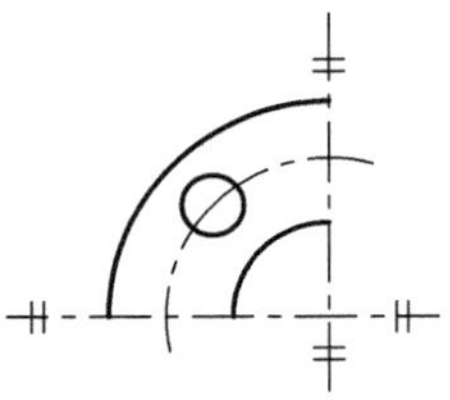
圆柱形法兰和类似零件上均匀分布的孔，可以仅画出一个或少量几个，其余的用细实线或符号表示其中心位置	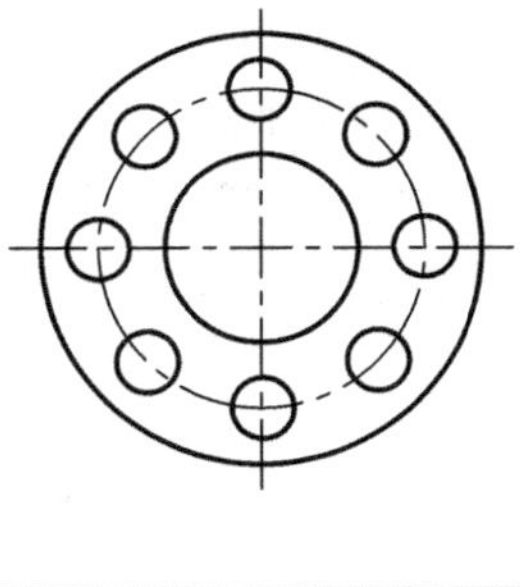	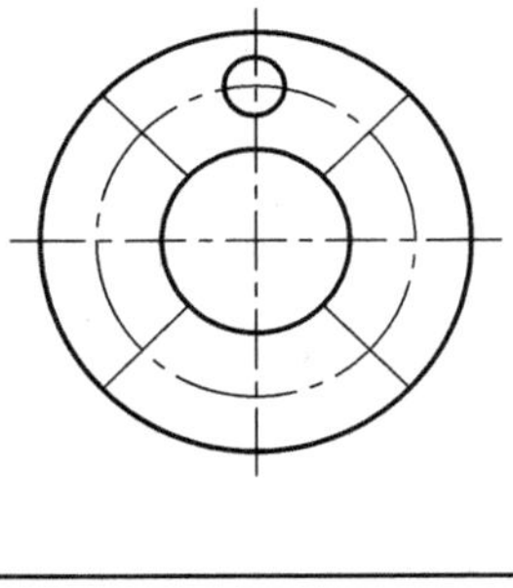

第 5 章　标准件与常用件

在各种机械设备中常会见到螺栓、螺母、垫圈、键、销、轴承等零件，国家标准对这类零件的结构尺寸和加工要求进行了一系列的规定，是标准化、系列化的零件，叫标准件。还有一些零件像齿轮、弹簧等，结构定型，并对某些尺寸统一标准，这类零件为常用件。本章着重介绍标准件和常用件的画法及标注。

项目一　螺纹和螺纹紧固件

任务 1　螺纹

1. 螺纹的形成

如图 5-1 所示，在圆柱表面上任取一动点 A 做两个运动，沿素线 1 2 作匀速直线运动，沿圆周作匀速直线运动，则在圆柱表面形成一条螺旋线。

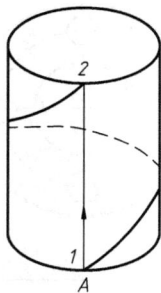

图 5-1　圆柱螺旋线的形成

现用一平面代替 A 点做相同运动，将在圆柱表面形成螺纹。在实际当中，螺纹常用车刀、辗压、丝锥、板牙等方式加工。根据所处圆柱表面位置不同，螺纹分为外螺纹（在圆柱外表面加工的螺纹）和内螺纹（在圆柱内表面加工的螺纹）。

2. 螺纹的结构要素

（1）牙型：通过螺纹的轴线用平面剖开所得到的螺纹牙齿形状。牙型分为三角形螺纹、梯形螺纹、锯齿形螺纹、矩形螺纹等，见表 5-1。

（2）螺纹直径：如图 5-2 所示，外螺纹大径 D、小径 D_1、中径 D_2；内螺纹大径 d、小径 d_1、中径 d_2。

螺纹的大径 D 和 d 称为公称直径，且 $D_1=0.85D$，$d_1=0.85d$。

表 5 - 1　螺纹牙型

类　型		牙型放大图	特征代号	标注示例	示　例　说　明
连接螺纹	普通粗牙螺纹	60°	M	M16-5g6g	M16 - 5g6g 表示普通粗牙螺纹，公称直径为 16 mm，右旋，螺纹公差带代号中径为 5g，大径为 6g，旋合长度按中等长度考虑
	普通细牙螺纹			M16×1LH-6G	M16×1 - 6G 表示普通粗牙螺纹，公称直径为 16 mm，螺距为 1 mm，左旋，螺纹公差带代号中径、大径为 6G，旋合长度按中等长度考虑
传动螺纹	梯形螺纹	30°	Tr	Tr20×8	Tr20×8 表示梯形螺纹，公称直径为 20 mm，双线，导程为 8 mm，螺距为 4 mm，右旋
	锯齿形螺纹	30°	B	B20×2LH	B20×2LH 表示锯齿形螺纹，公称直径为 20 mm，单线，螺距为 2 mm，左旋

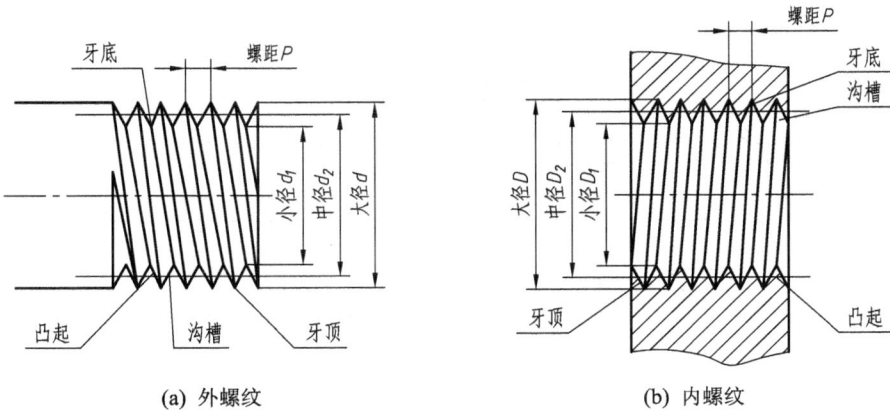

(a) 外螺纹　　　　　　　　　　　　　(b) 内螺纹

图 5 - 2　螺纹直径

（3）旋向：分为左旋和右旋，把螺纹轴线垂直水平面放置，左边高为左旋，右边高为右旋，如图 5 - 2(a)为右旋，(b)为左旋。

（4）线数 n：在同一圆柱上加工的螺纹线数，有单线和多线之分。

（5）螺距 P：相邻两牙在中径线上对应两点间的距离，如图 5 - 2 所示。

（6）导程 S：在同一条螺旋线上相邻两牙在中径线上对应两点间的距离。对于单线螺纹，其导程等于螺距，即 $S=P$；多线螺纹的导程等于线数乘以螺距，即 $S=nP$。

3. 螺纹的规定画法

螺纹的规定画法见表 5 - 2。

表 5 - 2　螺纹规定画法

名　　称	示　　例		示　例　说　明	
外螺纹	 画进倒角内		大径用粗实线 小径用细实线，左视图为 3/4 细实线圆	
内螺纹	通孔通螺纹	 两边倒角		剖视	不剖
			主视图：大径用细实线，小径用粗实线，剖面线画到粗实线位置 左视图：大径用 3/4 细实线圆，小径用粗实线，倒角圆不画	左视图同剖视。主视图除轮廓线外，其他线条全部虚线
	通孔不通螺纹	 螺纹终止线 单边倒角	主视图：螺纹终止线用粗实线，其他同上 左视图：同上	
	盲孔不通螺纹	 120°　0.5D	同上	
	内外螺纹旋合 （条件：内外螺纹的大径、螺距、牙型相同）	 这两条线应互相对齐	旋合部分按外螺纹画 未旋合部分按各自结构画 实心杆件纵向剖切时作不剖处理	

4. 螺纹的标注

螺纹采用标准画法后，无论其牙型、螺距、线数、旋向和制造精度如何，在图形上都无法表示出来，只有通过标注才能加以区别。

标注格式为：

螺纹特征代号　公称直径×螺距　旋向—中径公差带　顶径公差带—螺纹旋合长度

螺纹标注应注意：

① 螺距——分为粗牙和细牙，当螺距为粗牙时，可省略螺距。

② 旋向——分为左旋和右旋，当旋向为右时省略，当旋向为左时，以"LH"表示。

③ 螺纹旋合长度——分为短(S)、中(N)、长(L)三种，一般采用中等旋合长度，此时 N 可省略，其他情况则必须标注。

常用螺纹的种类标注见表 5-1。

任务 2　螺纹紧固件及其连接

如图 5-3 所示，常用的螺纹紧固件中有螺栓、螺柱、螺母、垫圈、螺钉等。

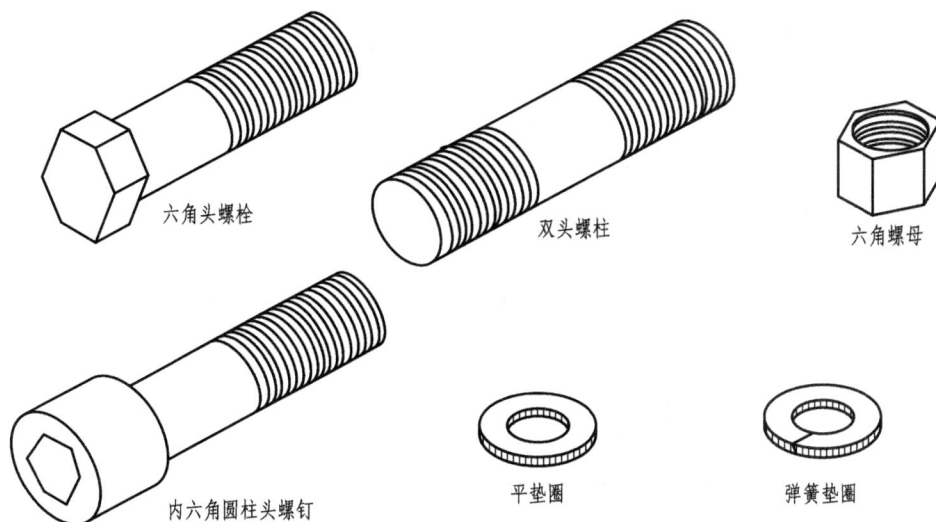

图 5-3　常用螺纹紧固件

1. 螺纹紧固件的标准及规定标记

螺纹紧固件是标准化零件。它的规格尺寸及标记参见附录 2。

常用螺纹紧固件的规定标记见表 5-3。

表 5-3　常用螺纹紧固件标注示例

名称及视图	规定标记示例	名称及视图	规定标记示例
六角头螺栓-C 级 45　M12	螺栓 GB/T 5782 - 2000 M12×45	Ⅰ型六角螺母-C 型 M16	螺母 GB/T 6170 - 2000 M16

续表

名称及视图	规定标记示例	名称及视图	规定标记示例
B 型双头螺柱（$b_m =$ 1.5d）	螺柱 GB/T 889 - 1988 M12×45	平垫圈-A级	垫圈 GB/T 97.1 - 2002 16 - 140HV
开槽沉头螺钉	螺钉 GB/T 70.1 - 2000 M12×60	弹簧垫圈	垫圈 GB/T 93 - 1987 20

2. 螺纹紧固件的画法

螺纹紧固件的画法有两种，一种是精确画法，即通过附录2查出各螺纹紧固件的每一部分的精确尺寸，然后画出来。另一种是近似画法，本文只简述近似画法。

（1）螺母的近似画法，见图5-4。

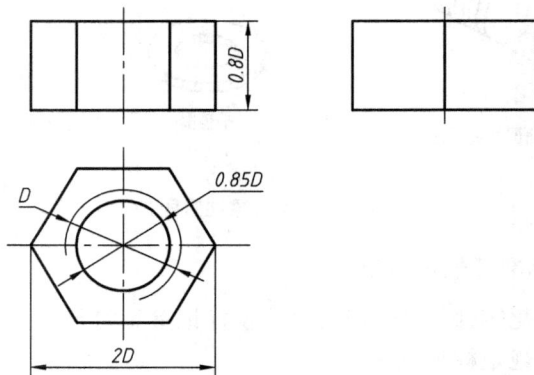

图 5-4 螺母近似画法

（2）螺栓的近似画法，见图5-5。

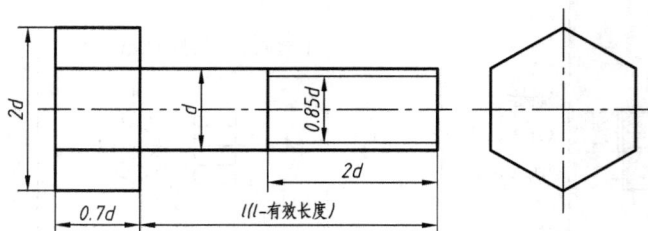

图 5-5 螺栓近似画法

（3）垫圈的近似画法，见图 5 - 6。

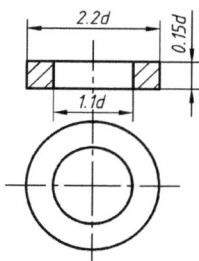

图 5 - 6　垫圈近似画法

3. 螺纹紧固件连接的画法

常见的螺纹紧固件的连接方式有螺栓连接、螺柱连接和螺钉连接。螺栓连接主要用于连接厚度差距不大的两零件，螺柱连接主要应用于连接厚度差距较大的两零件，螺钉连接主要应用于承受载荷较小的连接。画螺纹紧固件连接时应注意：

（1）相邻两零件的表面接触时只画一条粗实线，不接触表面必须画出两条粗实线。

（2）剖视图中，相邻两零件的剖面线的方向应相反（必要时剖面线的间隔不相同），同一零件在不同的视图中剖面线的方向及间隔必须完全相同。

（3）在剖视图中，剖切平面通过螺纹紧固件的轴线时，均按不剖画，必要时可采用局部剖视。

1）螺栓连接画法

如图 5 - 7 所示，其中 δ_1、δ_2 为被连接件的厚度，螺栓的有效长度 $l \geqslant \delta_1 + \delta_2 + 0.15d + 0.8d + 0.3d$。计算完毕后，按标准值取有效长度。

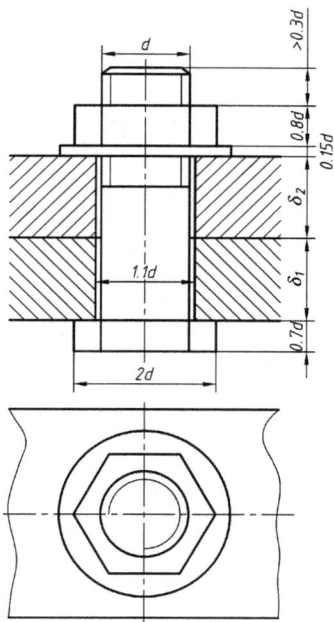

图 5 - 7　螺栓连接的画法

2）螺柱连接的画法

如图 5-8 所示，螺柱有效长度 $l \geqslant b_m + \delta_1 + 0.15d + 0.8d + 0.3d$，根据附表取标准值。其中 b_m 与被旋入零件的材料有关。当材料为钢时，$b_m = d$，当材料为铸铁时，$b_m = 1.25d \sim 1.5d$。

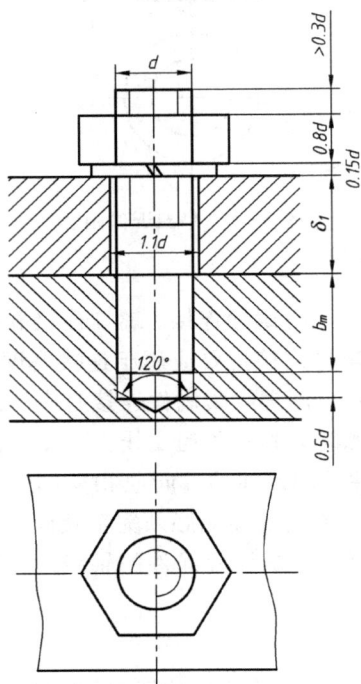

图 5-8　螺柱连接

3）螺钉连接的画法

如图 5-9 所示为螺钉连接的画法。注意，俯视图上槽的投影方向与水平线夹角为 45°。

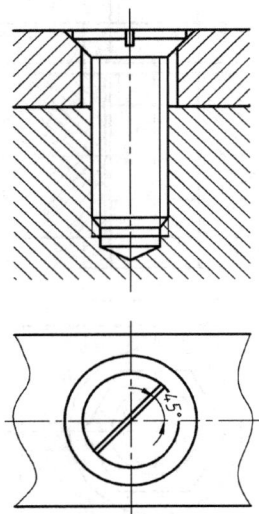

图 5-9　螺钉连接

项目二　键、销及轴承

任务 1　键连接和销连接

1. 键连接

键是用来连接轮和轴的,使轮和轴一起转动,主要用来传递扭矩和运动,如图 5-10 所示。

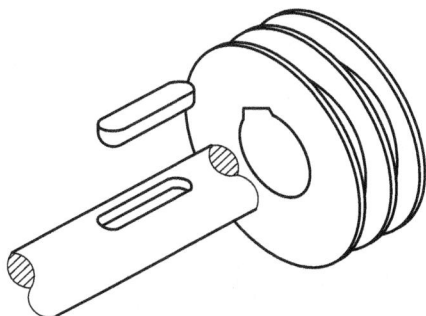

图 5-10　键连接

1) 键的种类及标记

键为标准件,可分为普通平键、半圆键、钩头楔键、花键等。其中,平键制造简便,装卸方便,轮和轴的同心度好,应用最为广泛。普通平键有圆头(A 型)、平头(B 型)和单圆头(C 型)三种型式,其标准尺寸和规定标记如附录 5 所示。由于键为标准件,因此一般不画零件图。

2) 键槽的画法

键槽的尺寸可根据轴径大小查阅附录 5 求得,其画法和尺寸标注如图 5-11 所示。

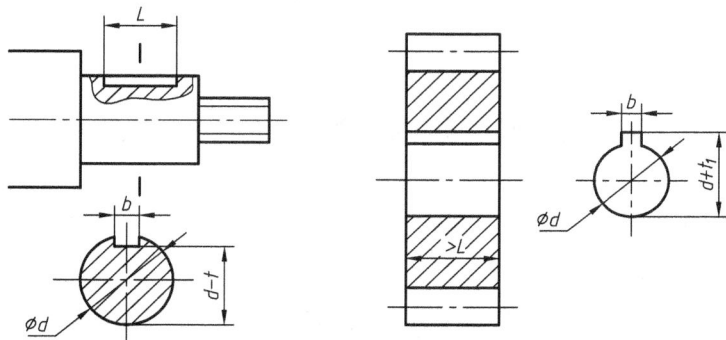

图 5-11　键槽的画法

3) 键连接的画法

如图 5-12 所示,工作面为两侧面,上、下面为非工作面,所以画键连接时两侧面相接触，上面与轮毂间有间隙。

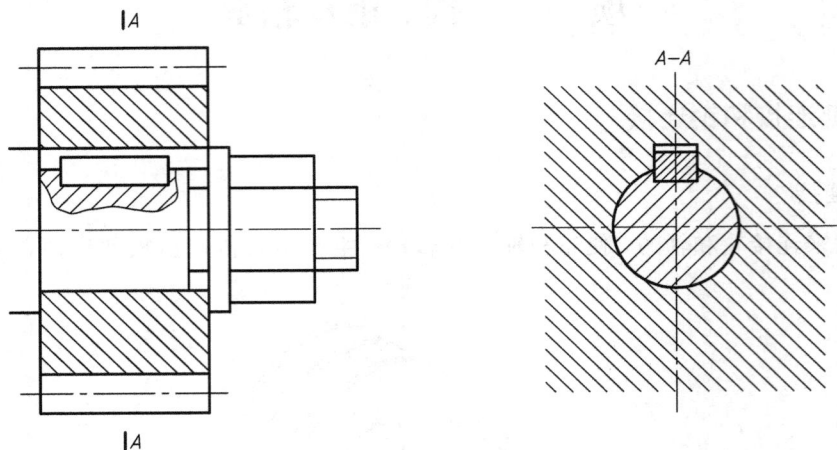

图 5-12 键连接

2. 销连接

销为标准件，常见的有起连接和定位作用的圆柱销和圆锥销，与开口螺母相配合使用，见图 5-13(a)；另外，还有起锁定作用的开口销等。销的主要尺寸及标记见附录 4，一般不需画零件图，装配关系如图 5-13(b)所示。

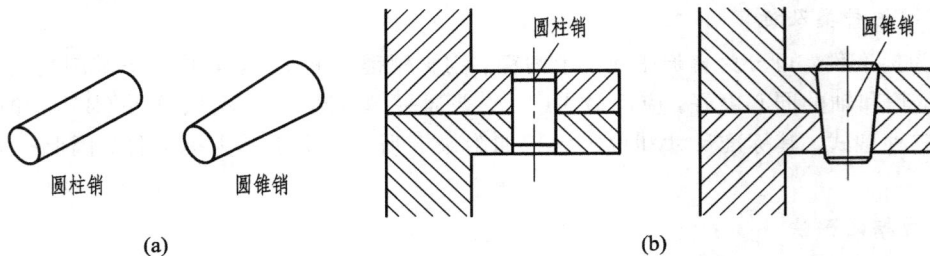

(a)   (b)

图 5-13 销的连接

任务 2 滚动轴承

滚动轴承应用广泛，是支承轴并承受轴上载荷的部件。它磨擦系数小，结构紧凑，旋转精度较高。

1. 滚动轴承的代号

滚动轴承的代号包括：

前置代号	基本代号	后置代号

1) 基本代号

基本代号表示轴承的基本类型、结构和尺寸，是轴承代号的基础，组成为：

类型代号	尺寸系列代号	内径代号

① 类型代号用数字或字母表示，见表 5 - 4。

表 5 - 4　滚动轴承类型代号

代号	0	1	2	3	4	5	6	7	8	N	U	QJ
轴承类型	双列角接触球轴承	调心球轴承	调心滚子轴承	推力调心滚子轴承	圆锥滚子轴承	双列深沟球轴承	推力球轴承	深沟球轴承	角接触球轴承	推力圆柱滚子轴承	圆柱滚子轴承	外球面球轴承	四点接触球轴承
旧代号	6	1	3	7	0	8	0	6	9	2	0	6

② 尺寸系列代号：用两位数字表示，前面一位数字表示轴承的宽度系列代号和直径系列代号，后面一位数字表示直径系列代号，其作用主要区别内径相同而宽度与外径不同的轴承。

③ 内径代号：表示轴径的公称内径，一般用二位数字表示，见表 5 - 5。

表 5 - 5　滚动轴承内径代号

轴承公称直径/mm		内 径 代 号	示　　例
10~17	10	00	深沟球轴承 6200　$d=10$ mm
	12	01	深沟球轴承 6201　$d=12$ mm
	15	02	深沟球轴承 6202　$d=15$ mm
	17	03	深沟球轴承 6203　$d=17$ mm
20~480 (22、28、32 除外)		内径除以 5 的商数，商数为个位数，需在商数左边加"0"，如 08	调心滚子轴承 23208　$d=08×5=40$ mm
≥500，以及 22、28、32		用公称直径毫米数直接表示，内径与尺寸系列代号之间用"/"分开	调心滚子轴承 230/500　$d=500$ mm　深沟球轴承 62/22　$d=22$mm

2）前置、后置代号

前置、后置代号是轴承在结构形状、尺寸、公差、技术要求等有改变时，在其基本代号左右添加的补充代号，具体内容请查阅 GB/T 272 - 1993。

2. 标注示例

推力球轴承：

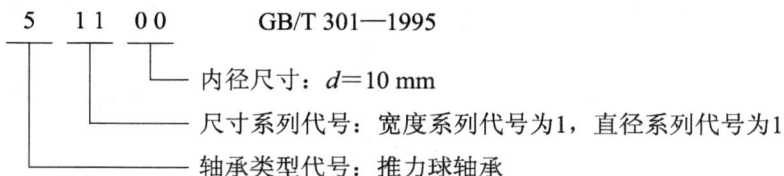

5　1 1　0 0　　　GB/T 301—1995

内径尺寸：$d=10$ mm

尺寸系列代号：宽度系列代号为1，直径系列代号为1

轴承类型代号：推力球轴承

深沟球轴承：

6　17　08　　GB/T 276—1994

└── 内径尺寸：$d = 40$ mm

└──── 尺寸系列代号：宽度系列代号为1，直径系列代号为7

└────── 轴承类型代号：深沟球轴承

3. 滚动轴承的画法

滚动轴承的画法有规定画法和特征画法两种，如图5-14所示。

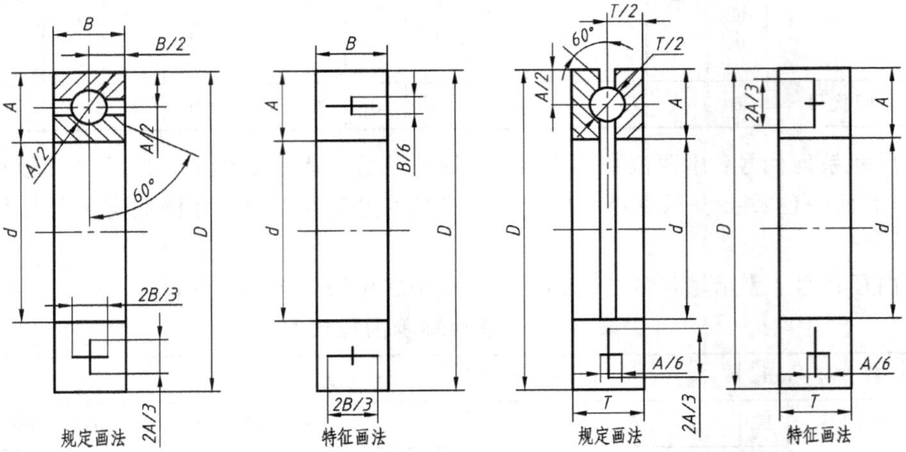

| (a) 深沟球轴承 | (b) 推力球轴承 |

图 5-14　滚动轴承画法

项目三　齿　　轮

齿轮是一种常用件，它主要用于传递运动和动力，起到减速、增速、换向、变向等作用。齿轮的传动形式大致可分为三种：

① 圆柱齿轮传动——传递两平行轴间的运动，如图5-15(a)所示；

② 圆锥齿轮传动——传递两垂直轴间的运动，如图5-15(b)所示；

③ 蜗轮蜗杆传动——传递两交叉轴间的运动，如图5-15(c)所示。

(a) 圆柱齿轮传动　　　　(b) 圆锥齿轮传动　　　　(c) 蜗轮蜗杆传动

图 5-15　齿轮传动形式

任务 1　直齿圆柱齿轮各部分名称

如图 5-16 所示,直齿圆柱齿轮各部分名称如下:

(1) 齿顶圆——通过轮齿顶端的圆,直径用 d_a 表示。

(2) 齿根圆——通过轮齿根部的圆,直径用 d_f 表示。

(3) 节圆——两齿轮啮合过程中,轮齿的接触点为 P,以 O_1P 和 O_2P 为半径,以 O_1、O_2 为圆心所画的圆,分别称为两齿轮的节圆,用 d' 表示。

(4) 分度圆——在齿轮轮齿及轮槽中,总能找到一处齿厚与齿槽相等处,此处所处的圆叫分度圆,用 d 表示,标准齿轮中 $d=d'$。

(5) 齿距——相隔两齿在分度圆上对应两点间的圆弧长,用 P 表示。

(6) 槽宽——在分度圆上的槽的宽度(弧长),用 e 表示。

(7) 齿厚——在分度圆上的齿的宽度(弧长),用 s 表示。标准齿轮 $s=e$。

(8) 齿顶高——分度圆与齿顶圆的半径差,用 h_a 表示。

(9) 齿根高——分度圆与齿根圆的半径差,用 h_f 表示。

(10) 齿高——齿顶圆与齿根圆的半径差,用 h 表示,标准齿轮 $h=h_a+h_f$。

(11) 齿宽——轮齿的宽度,用 b 表示。

(12) 中心距——啮合齿轮轴线间的距离,用 a 表示,标准齿轮 $a=\dfrac{d_1+d_2}{2}$。

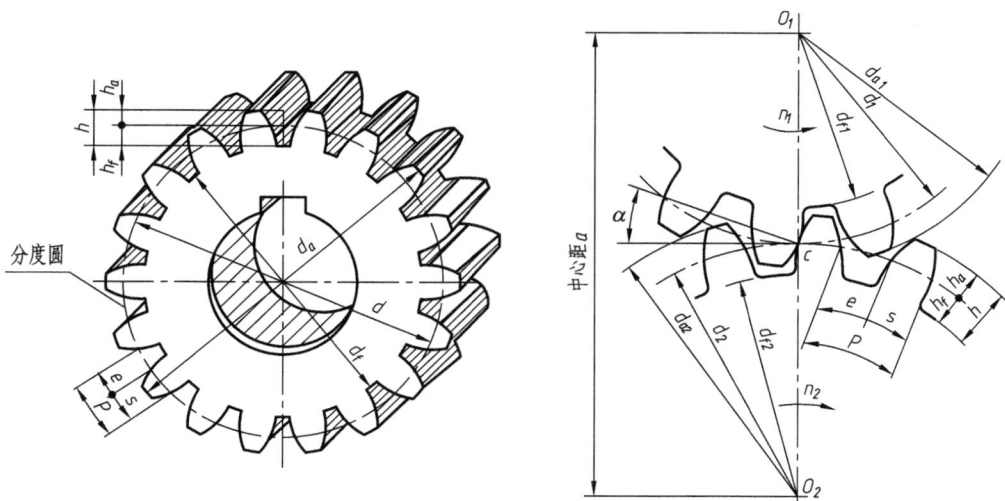

图 5-16　直齿圆柱齿轮各部分名称及代号

任务 2　直齿圆柱齿轮的基本参数及尺寸计算

1. 基本参数

(1) 齿数——用于啮合的轮齿数,用 Z 表示,Z 一般大于等于 17。

(2) 压力角 α——如图 5-16 所示,α 为两节圆的公切线与齿形弧线的公法线之间的夹角,标准渐开线齿轮 $\alpha=20°$。

（3）模数 m。因为分度圆周长＝$\pi \times d = Z \times P$，所以 $\pi \times d = Z \times P$，则 $d = \dfrac{P}{\pi} \times Z$。

为制造方便，设 $m = P/\pi$，m 为模数，单位为 mm，国家标准规定系列值见表 5－6。

表 5－6　标准模数（摘自 GB/T 1357—1987）

圆柱齿轮 m	第一系列	1　1.25　1.5　2　2.5　3　4　5　6　8　10　12　16　20　25　32　40
	第二系列	1.75　2.25　2.75　(3.25)　3.5　(3.75)　4.55　(6.5)　7　9　(11)　14　18　22

注：优先选择第一系列。

2. 各部分尺寸的计算

在设计齿轮时要先确定模数和齿数，其他部分尺寸都可由模数和齿数计算出来。标准直齿圆柱齿轮的计算公式见表 5－7。

表 5－7　标准直齿圆柱齿轮尺寸计算公式

名　称	计算公式
模数 m	$m = d/Z$ 取标准值
齿顶高 h_a	$h_a = m$
齿根高 h_f	$h_f = 1.25m$
齿高 h	$h = 2.25m$
分度圆直径 d	$d = mZ$
齿顶圆直径 d_a	$d_a = m(Z+2)$
齿根圆直径 d_f	$d_f = m(Z-2.5)$
中心距 a	$a = m(Z_1 + Z_2)/2$

任务 3　齿轮的规定画法及测量

1. 齿轮的规定画法

1）单个齿轮的规定画法

单个齿轮的规定画法如图 5－17 所示。一般用两个视图表示，齿顶圆和齿顶线用粗实线绘制，分度圆和分度线用细点画线绘制，齿根圆或齿根线用细实线绘制或省略不画。在剖视图上，由于剖切面通过齿轮轴线，因此轮齿一律按不剖处理，齿根线用粗实线绘制。

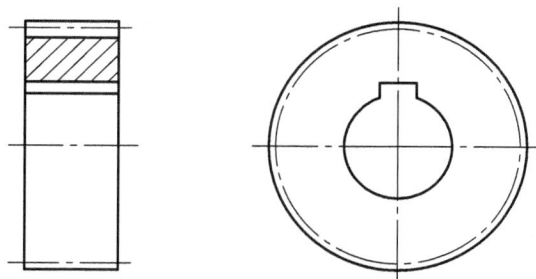

图 5-17　单个齿轮的规定画法

2）啮合齿轮的规定画法

在剖视图上，两啮合齿轮的分度线在啮合区重合，用细点画线绘制；啮合区，其中一齿轮的齿顶圆用粗实线绘制，另一齿轮的齿顶圆用虚线画出或省略不画；其余部分按单个齿轮的规定画法绘制，如图 5-18(a)所示。在左视图上，两齿轮分度圆应相切，啮合区的齿顶圆均用粗实线绘制，如图 5-18(a)所示，或将啮合区的齿顶圆省略不画，如图 5-18(b)所示。若主视图不作剖视，则啮合区内的齿顶线不画，分度线用粗实线绘制，如图 5-18(c)所示。

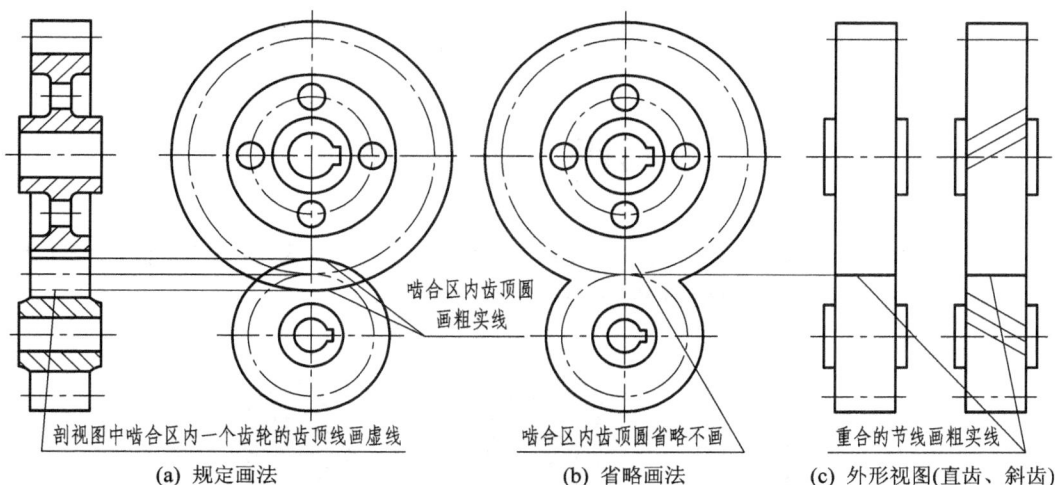

(a) 规定画法　　　　　(b) 省略画法　　　　　(c) 外形视图(直齿、斜齿)

图 5-18　圆柱齿轮啮合画法

2. 齿轮的测量

要完成一个齿轮的测量，必须确定出齿轮的三个基本参数。测量步骤如下：

（1）数出齿数 Z。

（2）测出齿顶圆 d_a。

（3）确定模数 m：由测量出的 d_a 按公式 $d_a=m(Z+2)$ 求出 m 值，然后按表 5-6 取近似的标准模数。

（4）计算各参数：按表 5-7 由标准模数计算出各参数值。

（5）画图：如图 5-19 所示为标准齿轮零件图。

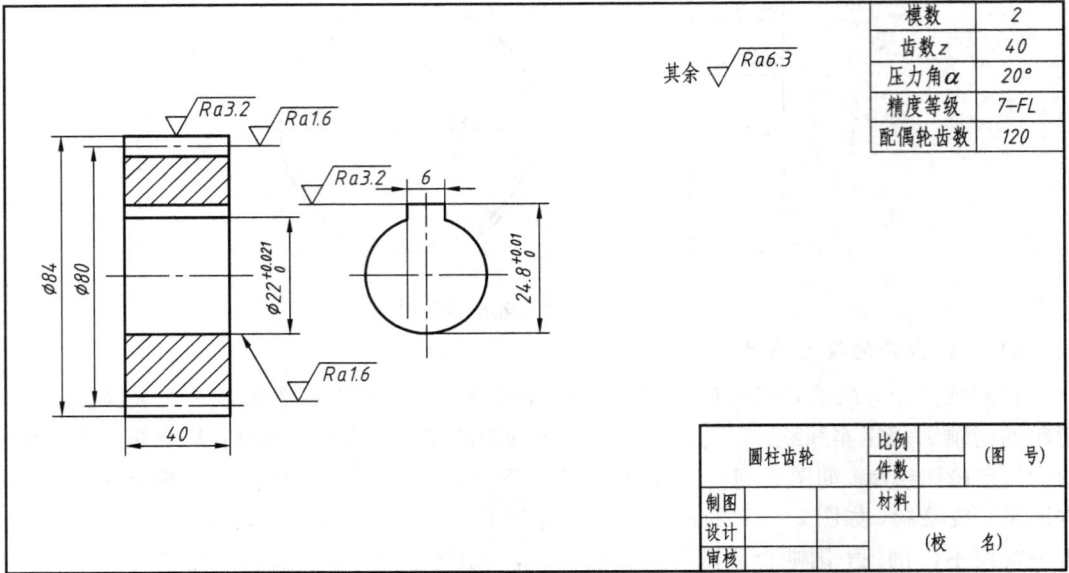

模数	2
齿数 z	40
压力角 α	20°
精度等级	7-FL
配偶轮齿数	120

其余 $\sqrt{Ra6.3}$

$\sqrt{Ra3.2}$ $\sqrt{Ra1.6}$

$\sqrt{Ra3.2}$ 6

$\sqrt{Ra1.6}$

$\phi84$ $\phi80$ $\phi22^{+0.021}_{0}$ $24.8^{+0.01}_{0}$

40

圆柱齿轮	比例		(图 号)
	件数		
制图		材料	
设计			(校 名)
审核			

图 5-19 直齿圆柱齿轮零件图

项目四 弹 簧

弹簧具有减震、夹紧、储存能量等功用，常用的弹簧有圆柱螺旋弹簧、板弹簧和平面涡卷弹簧。最常见的是圆柱螺旋弹簧，如图 5-20 所示。

(a) 压缩弹簧   (b) 拉伸弹簧   (c) 扭转弹簧

图 5-20 常见的圆柱螺旋弹簧

任务 1 圆柱螺旋弹簧各部分名称

圆柱螺旋弹簧各参数及代号如图 5-21 所示，包括簧丝直径 d，弹簧外径 D，弹簧内径 D_1，弹簧中径 D_2，节距 t，有效圈数 n，支撑圈数 n_2，总圈数 n_1，自由高度 H_0，展开长度 L。

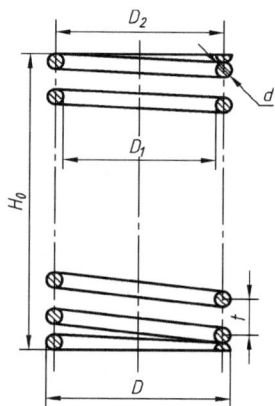

图 5 - 21 弹簧各部分名称

任务 2 弹簧的画法

GB/T 4459.4 - 1994 规定了弹簧的画法。下面介绍螺旋压缩弹簧的画法，如图 5 - 22 所示。

（1）以自由高度 H_0 和弹簧中径 D_2 作矩形 $ABCD$，如图 5 - 22(a)所示。

（2）画出支撑圈部分，再按节距 t 作簧丝剖面，如图 5 - 22 所示。

（3）作簧丝剖面的切线，如图 5 - 22(c)所示。

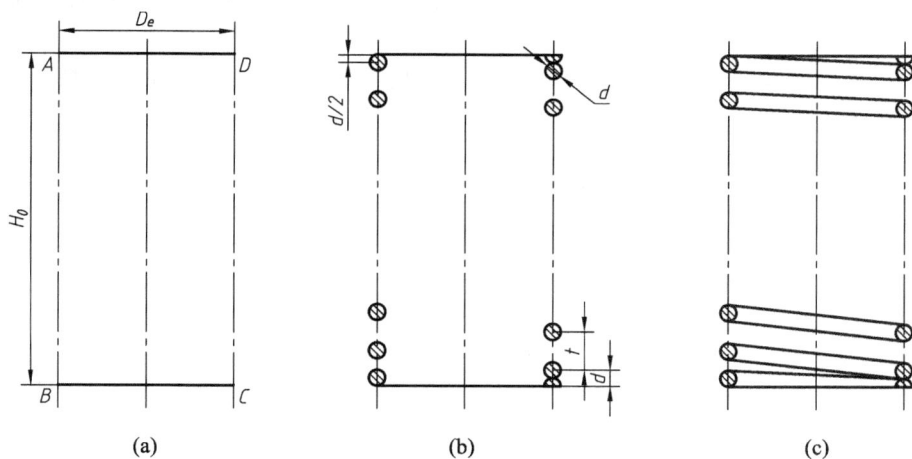

图 5 - 22 弹簧画法

【项目训练】 单个直齿圆柱齿轮零件图的绘制

绘制如图 5 - 23 所示直齿圆柱齿轮零件图，步骤如下：

（1）绘制圆柱齿轮的主视图：主视图采用全剖视图的表达方法，齿轮齿按不剖绘制。主视图中，齿顶圆 $\phi 50$ 与分度圆直径 $\phi 45$ 需在图中标注，而齿根圆直径省略不标注，其他尺寸还包括倒角尺寸以及粗糙度要求。

模数 m	2.5
齿数 z	18
压力角 α	20°
精度等级	7FL

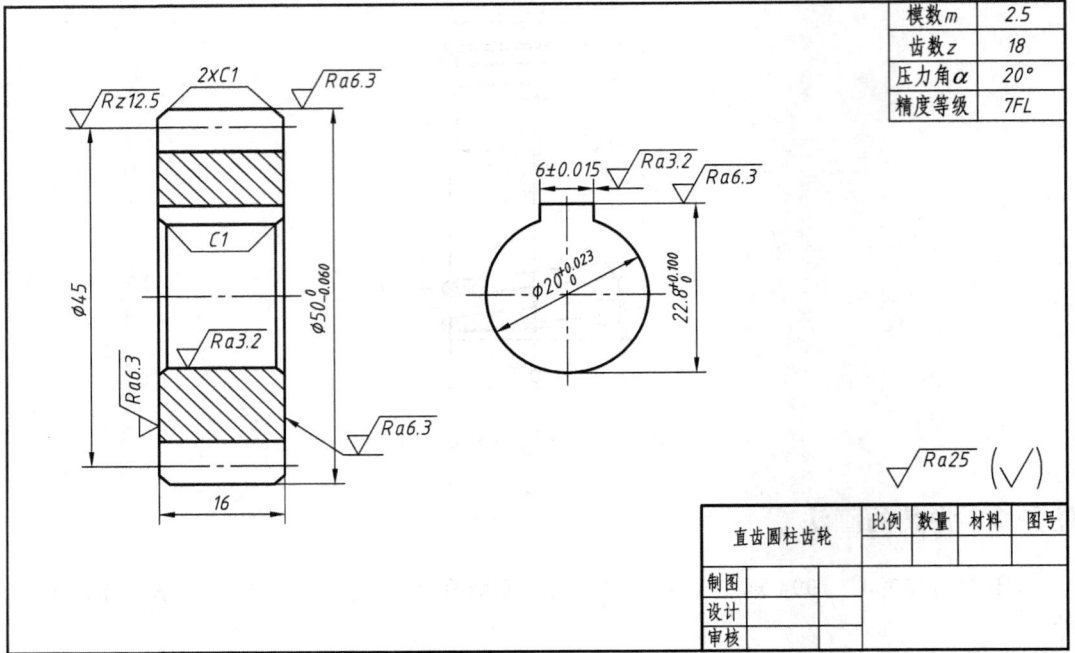

图 5-23　直齿圆柱齿轮零件图

（2）绘制圆柱齿轮的左视图：左视图只需画出齿轮内孔的形状与结构，其他部分可省略不画。φ20 为齿轮内孔直径，6 为键槽宽度的基本尺寸，22.8 为齿轮内孔高度的基本尺寸。

（3）标注粗糙度要求及齿轮的主要参数：零件图右上角表格中所示为齿轮的一些主要参数，需要在图中注明。

第 6 章 零 件 图

项目一 零件图的作用和内容

任何一部机器都是由许多零件组成的，要加工这些零件，必须绘制出零件图来。零件图主要是零件的图样，它不仅反映了设计者的意图，而且是制造和检验加工零件的主要依据。

如图 6-1 所示，一张零件图必须具有下列内容：

（1）一组视图：用一组视图完整、清晰地表达零件各部分结构的形状特征，可以用视图、剖视图、断面图、局部放大图等。

（2）尺寸：为了清楚表达零件形状大小及相对位置，必须正确、完整、清晰、合理地标注全部尺寸。

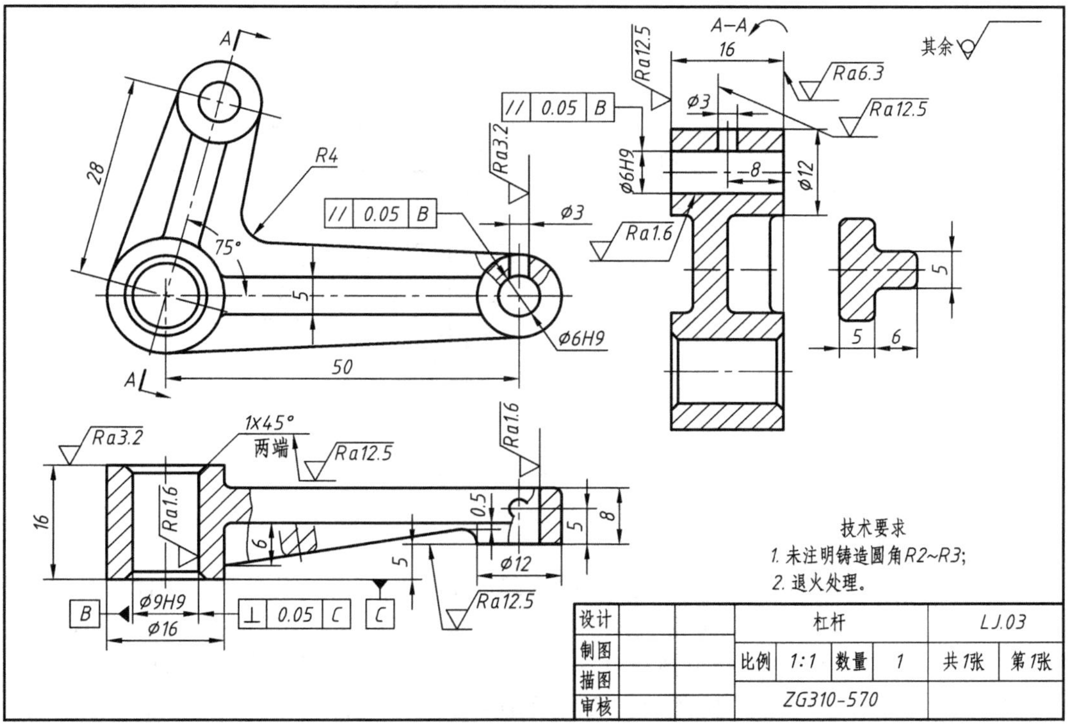

图 6-1 杠杆零件图

（3）技术要求：零件在使用制造和检验时的一些技术要求也必须在图纸上标注或用文字说明，如图 6-1 所示 $\phi6H9$ 及图纸上文字说明技术要求都属于技术要求的范畴。

（4）标题栏：图纸上的右下角为标题栏，必须填写零件的名称、材料、数量、比例及绘图人姓名、日期、图号等。

项目二　零件图表达方案的选择

怎样运用前面讲的机件的各种表达方法，选择一组图形把零件表达清楚，是绘制零件图的一个主要内容。一张图纸表达的好坏，基本原则是：零件上每一部分形状和位置应表达完整、正确、清楚，符合要求，便于看图，画图尽量简便。为此，必须合理选择主视图和其他视图。

任务 1　主视图和其他视图的选择

选择主视图时，必须确定两方面因素：主视图的投影方向和零件的放置位置。

1. 主视图的投影方向

主视图的投影方向应能够反映零件的形状特征。反映零件的形状特征是指零件的主视图应较清楚和较多地表达出该零件的结构形状及各结构形状间的相对位置关系。如图 6-2 所示，A 向投影最能反映零件的结构形状，而 B 向投影反映出的零件结构形状较少。

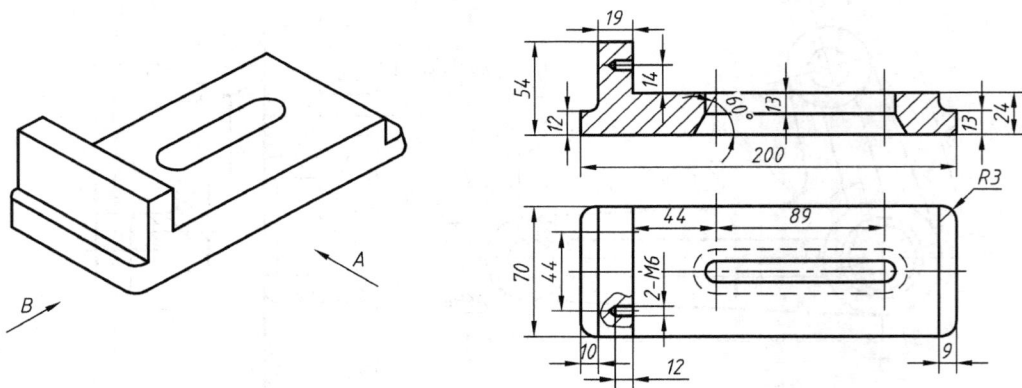

图 6-2　主视图的选择（一）

2. 零件的放置位置

（1）零件的工作位置：工作位置是零件在部件中工作时所处的位置。零件的放置应尽量与零件的工作位置一致，以便于读图时将零件与整机联系，想象零件在工作中的位置及作用。如图 6-2 所示，钳身的主视图就是按照它在虎钳中的工作位置画出的。

（2）零件的加工位置：零件图的主要功用是为了制造零件，因此零件的放置位置最好和零件在机床上加工时的装夹一致，便于加工。如轴类零件，主要工序是在车床上加工的，因此其主视图的选择如图 6-3 所示。

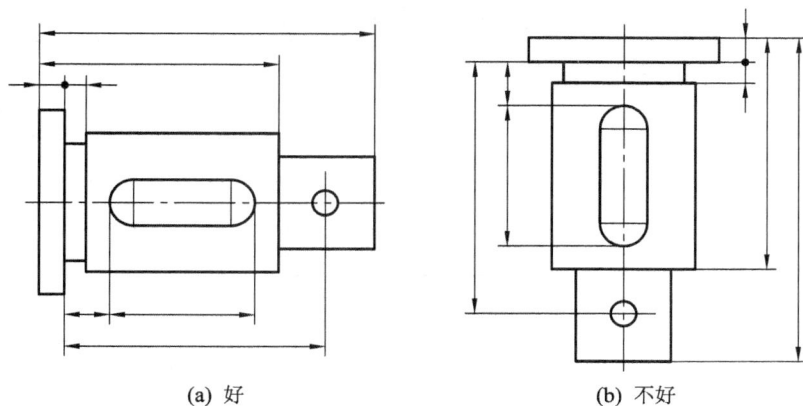

(a) 好   (b) 不好

图 6-3　主视图的选择(二)

　　主视图确定后,其他视图的数量应尽量最少,但必须保证完整清晰地表达零件。其他视图应首先选用基本视图,再根据具体形状选择剖视、断面、局部视图等表达方法。

任务 2　典型零件表达方案的选择

1. 轴套类零件

　　轴一般用来支承传动零件和传递动力,套一般装在轴上起轴向定位作用。轴套类零件一般是由几个圆柱体或圆锥体叠加或挖切形成的;另外还有一些其他结构,如圆角、倒角、键槽、退刀槽、螺孔等结构。

　　(1)主视图的选择:轴套类零件一般在车床上加工,所以按形状特征和加工位置确定主视图,轴线横放,键槽、孔等结构向前,如图 6-4 所示。

　　(2)其他视图的选择:由形体分析法可知,该零件由 6 个圆柱体组合而成,其上有部分凹坑、键槽、通孔等结构。表 6-1 列出了其他视图的数量,零件画法如图 6-4 所示。

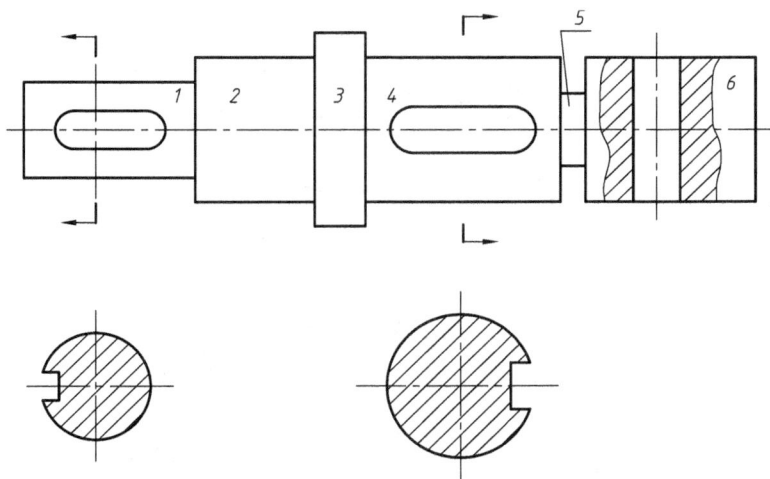

图 6-4　轴的视图方案

表 6 - 1 轴其他视图数量

轴的结构组成	主视图	俯视图	左视图	辅助视图
形体 1	√			剖面
形体 2	√			
形体 3	√			
形体 4	√			剖面
形体 5	√			
形体 6	√			局部视图
轴零件	√			一个剖面，一个局部视图

2. 轮盘类零件

轮盘类零件包括齿轮、手轮、胶带轮、端盖、盘座等。轮一般用来传递动力和扭矩；盘主要起支承、轴向定位以及密封等作用。轮盘类零件一般为回转体，中心有键槽、孔结构。

（1）主视图的选择：轮盘类零件主要在车床上加工，所以按形状特征和加工位置确定主视图，轴线横放，如图 6 - 5 所示。

（2）其他视图的选择：该零件用形体分析可知由 5 部分组成，1、2、4、5 为圆柱体，3 为键槽结构。表 6 - 2 列出了其他视图的数量，零件图画法如图 6 - 5 所示。

表 6 - 2 端盖其他视图数量

端盖结构组成	主视图	俯视图	左视图	其他视图
形体 1	√			
形体 2	√			
形体 3	√		√	
形体 4	√			
形体 5	√			
端盖零件	√（内部结构需表达，采用全剖）			

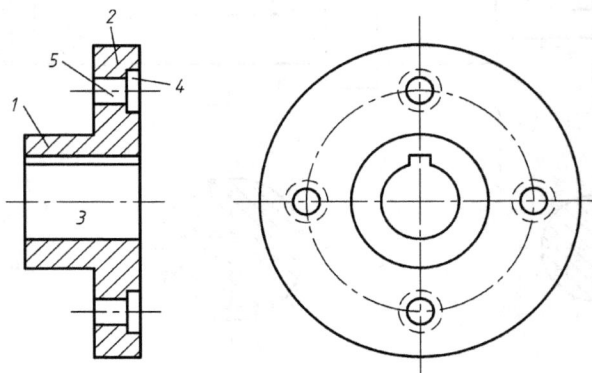

图 6 - 5 端盖视图方案

3. 支架类零件

支架类零件包括拨叉、连杆、支架、轴座等,多由肋板、安装板、转轴孔、轴套筒等组成。

此类零件一般都是铸件或锻造毛坯,形状复杂,需经多道工序加工完成。选主视图时,主要按形状特征和工作位置确定,一般需两个以上视图。由于一些结构常倾斜于投影面,所以常采用斜视、斜剖和断面来表达。

图 6-6 为摇臂的零件图,请同学们自行分析。

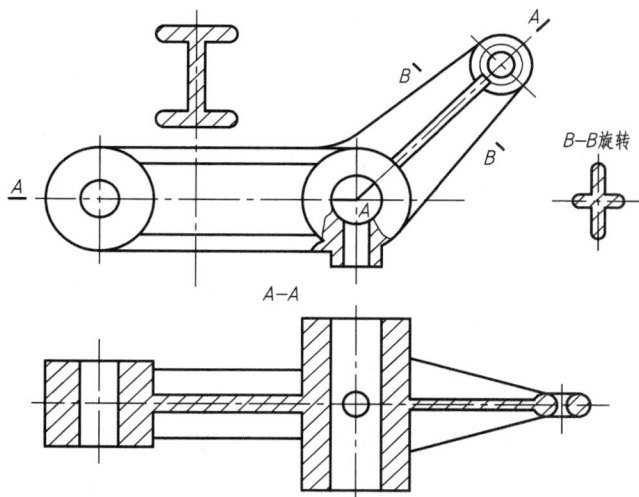

图 6-6 摇臂

4. 箱体零件

箱体零件多为铸件,一般起支承、定位、容纳等作用,经较多工序制造而成。所以箱体零件的主视图应以形状特征和工作位置而定,由于它形状复杂,常用三个以上基本视图和一些辅助视图来表示。图 6-7 为箱体零件图,请同学们自行分析。

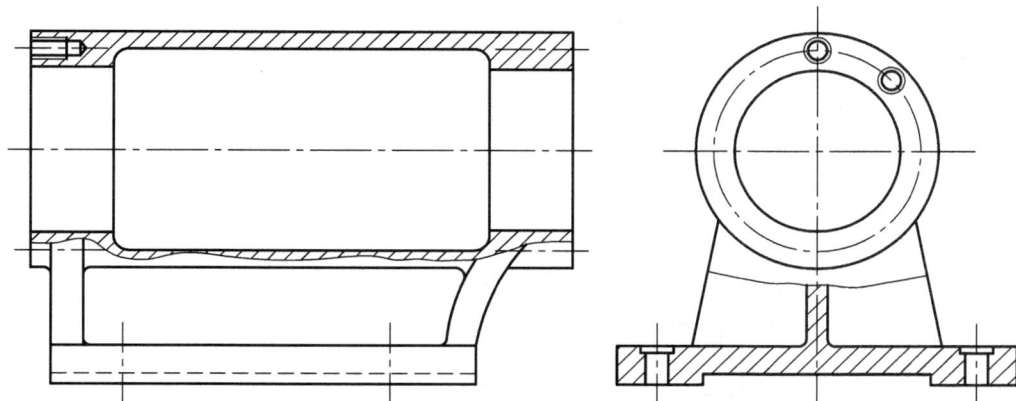

图 6-7 座体

项目三　零件图的尺寸标注

前面组合体的尺寸标注主要讲解了尺寸标注的正确性、完整性和清晰性，本节主要介绍尺寸标注的合理性，即怎样标注尺寸才能满足设计要求与工艺要求，满足零件的制造、加工、测量、检验的要求。为了做到合理，在标注尺寸时，必须对零件进行结构分析、工艺分析和形体分析，确定零件的基准，选择合理的标注，结合具体情况合理地标注尺寸。

任务 1　基准的选择和尺寸标注的合理性

1. 基准的选择

基准是零件在机器中或在加工及测量时，用以确定其位置的一些点、线、面。按用途不同基准分为设计基准和工艺基准。

设计基准是在机器工作时确定零件位置的点、线、面。从设计基准出发标注的尺寸，能反映设计要求，能保证所设计零件的工作性能。工艺基准是在加工测量时确定零件位置的点、线、面。从工艺基准出发标注的尺寸，能反映工艺要求，使零件便于制造、加工和测量。所以标注尺寸时，最好把设计基础和工艺基准统一起来，如两者不能统一时，应以保证设计要求为主。

如图 6-8 所示，轴承孔的高度 40±0.02 是影响轴承座工作性能的尺寸。以底面为基准，以保证轴承孔到底面的高度，其他高度尺寸均以 A 面为基准，A 为设计基准，同时又

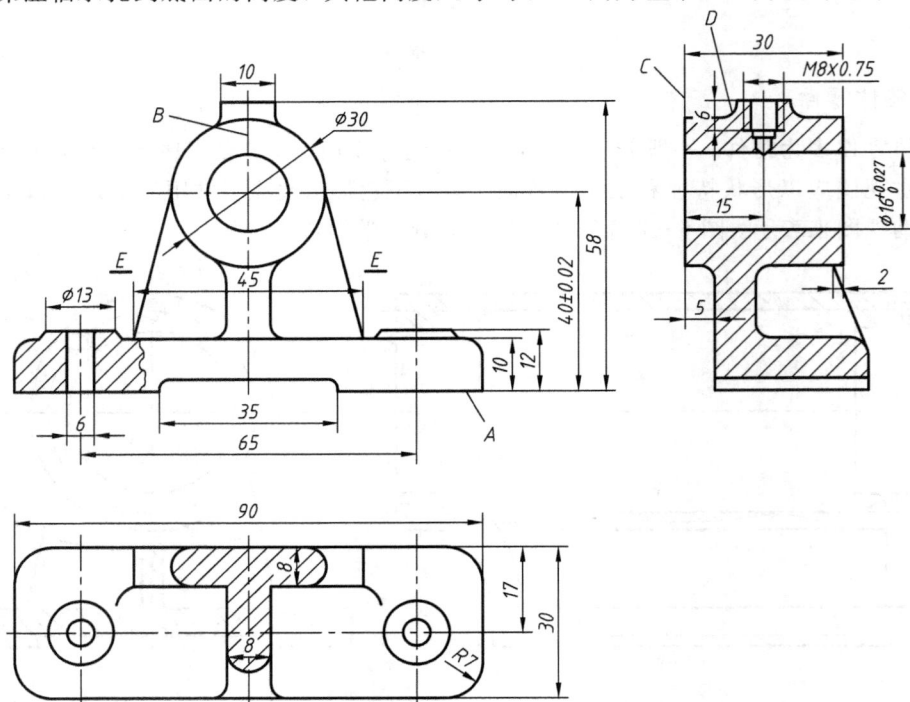

图 6-8　轴承座的尺寸基准

是工艺基准；长度方向以对称面 B 为基准，以保证底板上两孔的对称，B 面也是设计基准；由于高度方向的螺纹孔深度尺寸在标注时，以 A 为基准不易测量，所以选 D 面平台做基准。测量方便，D 面为工艺基准。

2. 尺寸标注的合理性

1）主要尺寸一定要直接标出

如图 6-8 所示，高度尺寸 40 ± 0.02 必须直接标出，而不能标注成图 6-9 的形式。

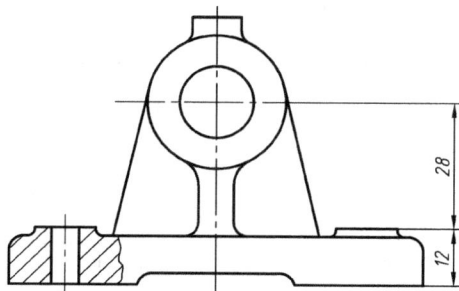

图 6-9　主要尺寸应直接标注

2）不要注成封闭尺寸链

封闭尺寸链是头尾相连，绕成一圈的一组尺寸。每个尺寸是尺寸链中的一环，尺寸链中任一环的尺寸公差都是各环尺寸误差之和，这样标注尺寸在加工时难以保证要求，此时要选择一个不重要的尺寸不标注，让所有的加工误差都累积在这个地方，如图 6-10 所示。

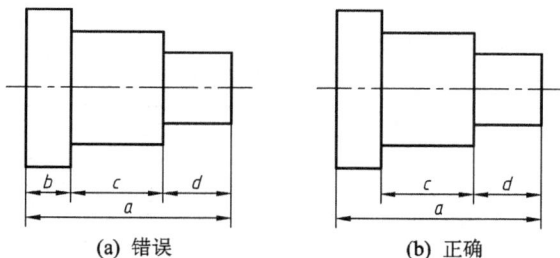

(a) 错误　　　　(b) 正确

图 6-10　不要注成封闭尺寸链

3）便于测量

如图 6-11 所示为键槽深度的标注，图 6-11(a)的注法无法测量，图(b)的注法则便于测量。

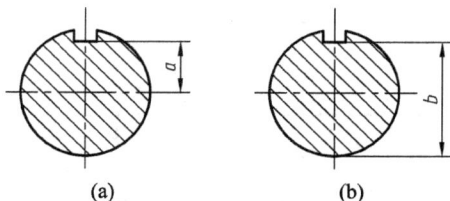

(a)　　　　(b)

图 6-11　便于测量

4）考虑加工方便标注尺寸

轴零件加工顺序及尺寸标注如图6-12所示。

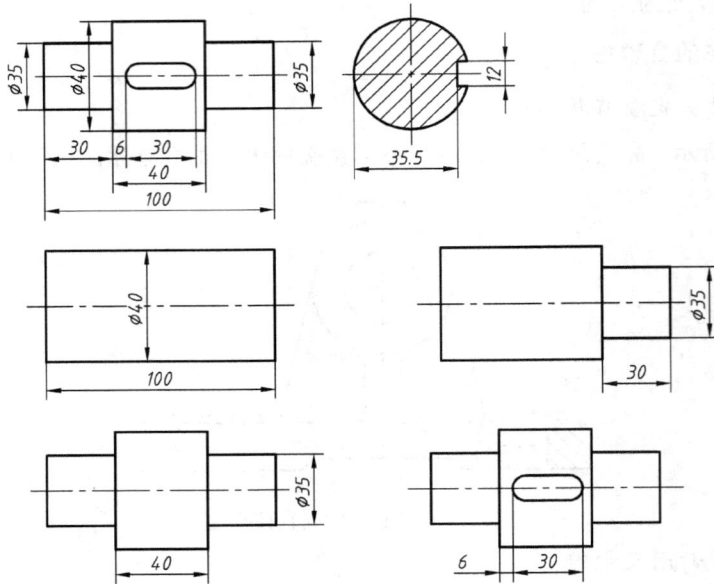

图 6-12 考虑加工方便

任务 2 常见结构的尺寸标注

常见结构的尺寸标注如表6-1所示。

表 6-1 常见结构的尺寸标注

项目四　零件图上的技术要求

任务 1　表面粗糙度

机械零件根据工作需要不同,有的表面铸造、锻造,不经过加工即满足要求,有的则必须进行加工。加工后的表面,肉眼看很平,但在显微镜下看有峰有谷,凸凹不平,这种微观的表面不平度叫表面粗糙度,如图 6-13 所示。在满足功能要求的前提下,不能要求越光滑越好(造成成本提高),只要合格即可。

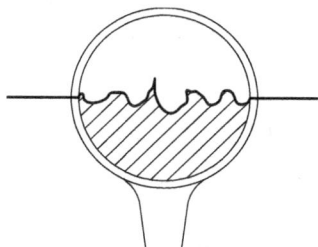

图 6-13　表面粗糙度

为评定表面粗糙度的高低,国家标准规定三种评定参数——轮廓算术平均偏差 Ra,微观不平度十点高度 Rz 和轮廓最大高度 Ry,最优先选择的参数是 Ra。

1. 表面粗糙度的符号

表面粗糙度的符号及意义如表 6-2 所示,常用加工方法所能获得的表面粗糙度的 Ra 值见表 6-3。

表 6-2　表面粗糙度的符号及意义

符号	意义及说明	举　　例	符 号 画 法
√	基本符号,表示表面可用任何方法获得		
√	表示用去除材料的方法获得的表面,如车、铣、刨、磨、钻等	$\sqrt{Ra6.3}$ 表示表面经加工后,表面粗糙度 Ra 的上限值为 6.3 μm	h 为字高
√	表示用不去除材料的方法获得的表面,如铸、锻、轧等	$\sqrt{Ra50}$ 表示表面不经加工,表面粗糙度 Ra 的上限值为 50 μm	

表 6 - 3　常用加工方法获得的表面粗糙度

表面特征		代　号	加工方法	应　用
加工面	粗面	$\sqrt{Ra50}$　$\sqrt{Ra25}$　$\sqrt{Ra12.5}$	粗车、粗铣、粗刨、钻孔等	不重要的接触面、非接触面
	半光面	$\sqrt{Ra6.3}$　$\sqrt{Ra3.2}$　$\sqrt{Ra1.6}$	精车、精铣、精刨、粗磨等	重要的接触面和一般配合面
	光面	$\sqrt{Ra0.8}$　$\sqrt{Ra0.4}$　$\sqrt{Ra0.2}$	精磨、研磨、抛光等	重要的配合面
不加工面		$\sqrt{}$	铸、锻、轧经表面清理	自由表面

2. 表面粗糙度的标注方法

标注表面粗糙度时注意：代号的尖角像是车刀的刀尖，应从外指向表面，符合其切削位置，如表 6-4 所示。每个面只标注一次表面粗糙度，且可标注在其尺寸线、尺寸界线及其轮廓延长线上。

表 6 - 4　表面粗糙度的标注方法

图　例	说　明	图　例	说　明
	各倾斜面的标注		零件上的重复要素，其特征代号规定只标注一次
	尺寸数字随代号方向改变而改变，出现最多的代号可不必一一标注，而在图纸右上角标注写上"其余"		零件上同一表面上有不同的表面特征要求时，应用细实线分开，再标注相应的粗糙度符号

图 例	说 明	图 例	说 明
	表面粗糙度全部一致时		齿轮轮齿面的粗糙度标注

任务 2 公差与配合

在一批同样的零件中任取一个，不经任何的辅助加工装在机器上都能满足质量要求的性质叫互换性。在日常生活中，我们希望产品尽可能满足互换性，但要保证一类产品加工成一模一样是绝不可能的。为保证互换，对零件的尺寸规定了一个允许的最大变动量，这个最大变动量就是尺寸公差，简称公差。

1. 术语和定义

国家标准对公差与配合的相关术语作了如下定义。

(1) 基本尺寸：根据零件的强度、结构、工艺要求设计确定的尺寸。如图 6-14 中直径 $\phi 60$。

(2) 实际尺寸：通过测量所得到的尺寸。

(3) 极限尺寸：允许尺寸变化的两个界限值，它以基本尺寸为基数来确定。两个界限值中大的为最大极限尺寸；如图 6-14 中的 $\phi 60.021$；两个界限值中小的为最小极限尺寸，如图 6-14 中的 $\phi 60.002$。

(4) 尺寸偏差：极限尺寸与基本尺寸之差，上偏差＝最大极限尺寸－基本尺寸，如图 6-14 所示，上偏差＝60.021－60＝＋0.021；下偏差＝最小极限尺寸－基本尺寸，如图 6-14 所示，下偏差＝60.002－60＝＋0.02。上下偏差可以是正值、负值和零，轴的上、下偏差用 es、ei 表示，孔的上下偏差用 ES、EI 表示。

(5) 尺寸公差：允许尺寸的变动量，简称公差。公差＝最大极限尺寸－最小极限尺寸＝上偏差－下偏差＞0，如图 6-14 所示，公差＝60.021－59.998＝0.021－(－0.002)＝0.0023。

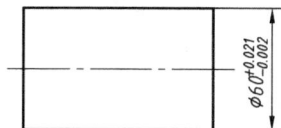

图 6-14 销

(6) 公差带和公差带图：公差带是表示公差大小和相对于零线位置的一个区域，为了便于分析，一般将尺寸公差与基本尺寸的关系，按放大比例画成简图，称为公差带，如图6-15 所示。

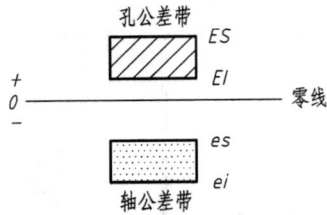

图 6-15 公差带图

(7) 标准公差：国家标准确定公差带大小的公差，用 IT 表示，分为 20 级，从 IT01，IT0，IT1～IT18。一定的基本尺寸，公差等级越高，标准公差值越小，尺寸精度越高。基本尺寸 0～500 mm 的标准公差值列于附录 6、7 中。

(8) 基本偏差：用以确定公差带相对于零线位置的上偏差，一般指靠近零线的那个偏差为基本偏差，用拉丁字母表示，孔用大写字母表示，轴用小写字母表示。孔、轴的基本偏差代号各有 28 个，如图 6-16 所示。

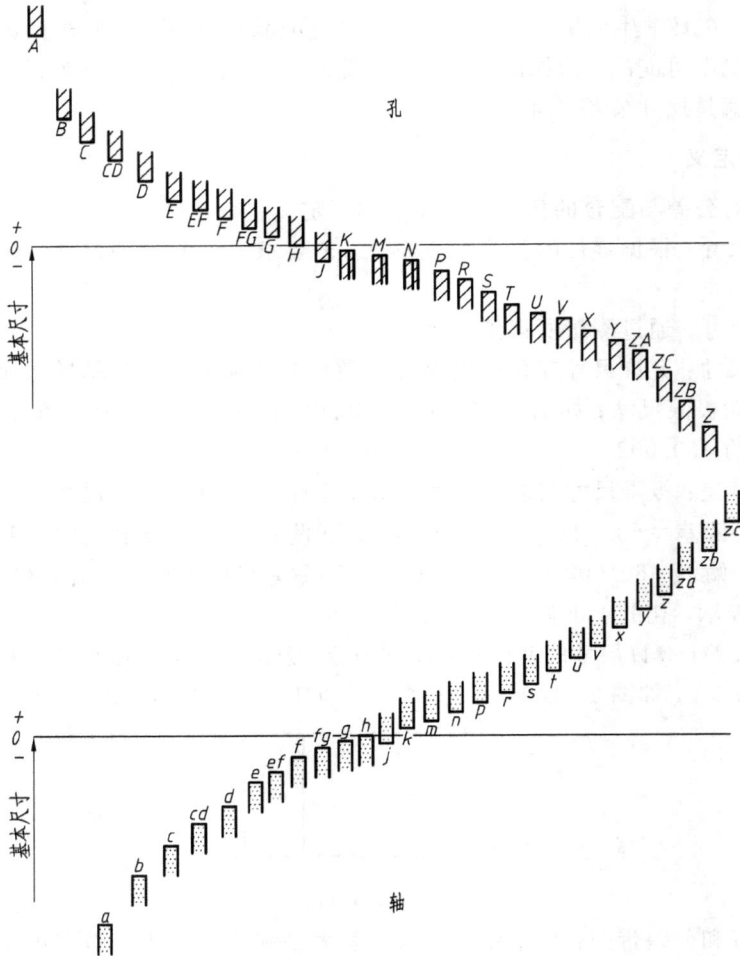

图 6-16 基本偏差系列

轴、孔的另一偏差求法：

$$轴\ ei＝es－IT \qquad es＝ei＋IT$$
$$孔\ EI＝ES－IT \qquad ES＝EI＋IT$$

（9）孔、轴的公差代号：由基本偏差与公差等级代号组成。

例：

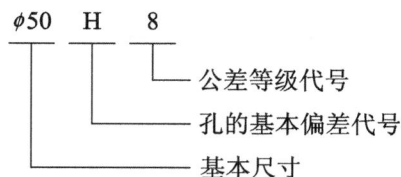

2. 配合

在机器装配中，将基本尺寸相同的，相互结合的孔和轴公差带之间的关系称为配合。根据机器的设计工艺要求及生产需要，国标将配合分为三大类：

（1）间隙配合：孔的公差带完全在轴的公差带之上，即具有间隙的配合（包括最小间隙为零的情况），如图 6－17(a)所示。

（2）过盈配合：孔的公差带完全在轴的公差带之下，即具有过盈的配合（包括最小过盈为零的情况），如图 6－17(b)所示。

（3）过渡配合：孔公差带和轴公差带交错，即可能出现间隙，又可能出现过盈，如图 6－17(c)所示。

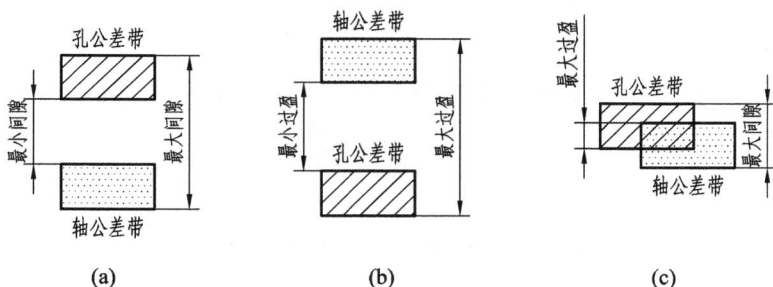

图 6－17　配合种类

3. 配合的基准制

根据工作要求，对零件间的配合提出了不同松紧程度的间隙和过盈。在制造相互配合的零件时，可把其中一零件作为基准件，基准件的基本偏差不变，通过改变另一零件的基本偏差，以达到不同配合性质的要求，这就产生了两种基准制：基孔制和基轴制。

（1）基孔制：这种制度在同一基本尺寸的配合中，将孔公差带位置固定，通过变动轴的公差带位置，得到各种不同的配合。基孔制的孔称为基准孔，国标规定基准孔的下偏差为零，"H"为基准孔的基本偏差代号，如图 6－18(a)所示。

（2）基轴制：这种制度在同一基本尺寸的配合中，将轴的公差带位置固定，通过改变公差带位置，得到各种不同的配合。基轴制的轴称为基准轴，国标规定基准轴的上偏差为零，"h"为基准轴的基本偏差代号，如图 6－18(b)所示。

(a) 基孔制

(b) 基轴制

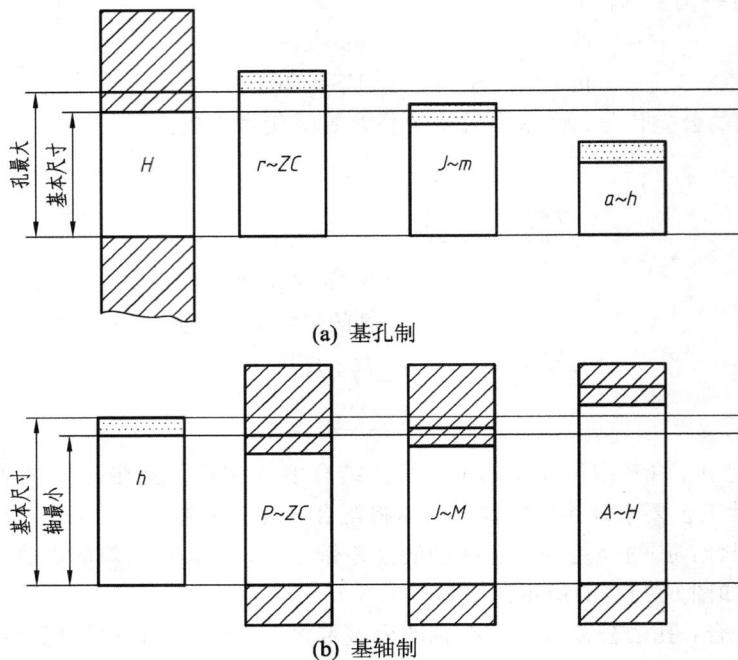

图 6 - 18   配合的基准制

4. 公差与配合在图样中的标注

1）装配图中的标注形式

如图 6 - 19 所示，公差与配合在装配图中的标注形式如下：

$$基本尺寸 \frac{孔的公差代号}{轴的公差代号}$$

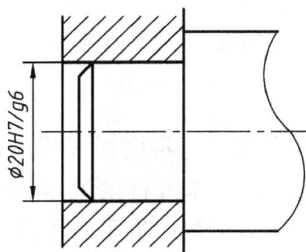

或

$$基本尺寸孔的公差代号/轴的公差代号$$

图 6 - 19   装配图中公差与配合的标注

2）零件图中的标注方法

在零件图中，依据生产批量不同，有如图 6 - 20 所示三种标注形式。

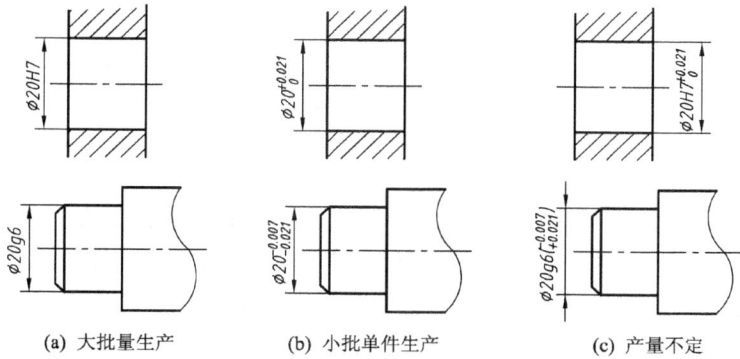

(a) 大批量生产　　　(b) 小批单件生产　　　(c) 产量不定

图 6-20　零件图中的标注方法

项目五　读零件图

在设计、生产中看零件图是一项非常重要的工作。通过读零件图应达到以下目的：

(1) 了解零件名称，材料，用途。

(2) 了解组成零件各部分结构形状特点及它们之间的相对位置。

(3) 了解零件技术要求和制造方法。

要达到这些要求，读图时的方法与步骤如下，以图 6-21 所示机用虎钳为例。

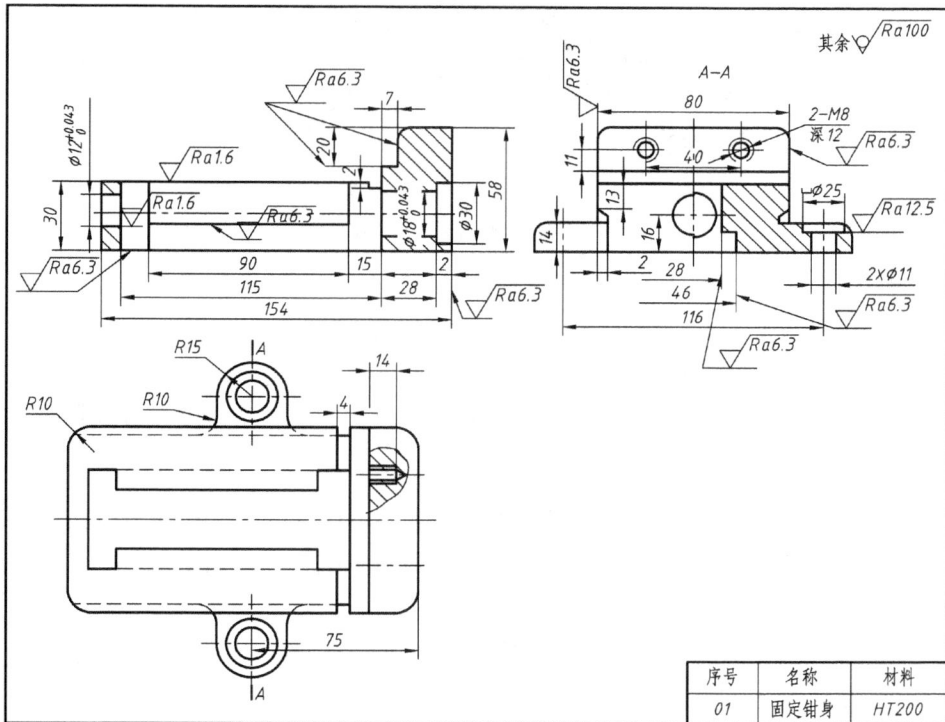

序号	名称	材料
01	固定钳身	HT200

图 6-21　机用虎钳零件图

1. 标题栏

从标题栏可知零件的名称为固定钳身，材料为 HT200，机用虎钳中只有一个固定钳身，是机用虎钳的主要零件。

2. 读视图

主视图是按照工作位置确定的，采用全剖视表达，主要是为了表达两圆孔 $\phi16_0^{+0.021}$、$\phi20_0^{+0.033}$ 及内腔结构；左视图采用半剖视图，主要表达其内腔及安装结构。通过形体分析可知，固定钳身由三部分组成：装夹部分为长方体结构，其上有两个螺纹孔；底座部分大致为长方体结构，其上有两个孔，与虎钳的轴相配合；最后一部分是安装部分，是由两个近似门状结构组成，其上有一通孔以便安装。综上所述，可想象出机用虎钳的形状如图 6-22 所示。

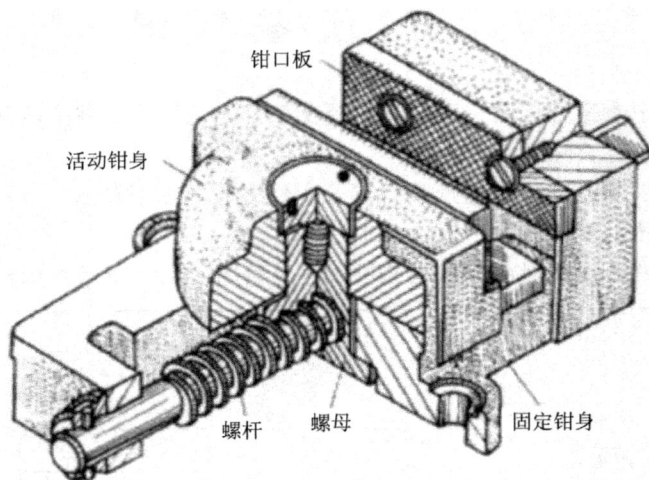

图 6-22 机用虎钳立体图

3. 分析尺寸

根据形体分析尺寸，高度方向基准为底面，高度方向的主要尺寸是 $\phi16_0^{+0.021}$、$\phi20_0^{+0.033}$、55 mm、13 mm、27 mm；长度方向以钳面为基准，主要尺寸有 115 mm、87 mm；宽度方向以对称面为基准，主要尺寸有 30 mm、128 mm 等，其余尺寸自行分析。

4. 看技术要求

公差尺寸有 $\Phi16_0^{+0.021}$，$\Phi20_0^{+0.033}$。表面粗糙度要求：两有尺寸公差的圆柱孔表面，粗糙度 $Ra \leqslant 1.6\ \mu m$，钳身上面 $Ra \leqslant 1.6\ \mu m$，其次为安装的表面底面及内腔孔 $Ra \leqslant 6.3\ \mu m$。

【项目训练】 典型零件图的绘制和读图

例 1 轴零件图的绘制和读图。

1. 分析视图

轴套类零件多在车床和磨床上加工。为了加工时看图方便，轴套类零件的主视图按其加工位置选择，一般将轴线水平放置，用一个主视图，结合尺寸标注（直径 ϕ），就能清楚地反映出阶梯轴的各段形状、相对位置以及轴上各种局部结构的轴向位置。轴上的局部结构，一般采用断面图、局部剖视图、局部放大图、局部视图来表达，如图 6-23 所示。

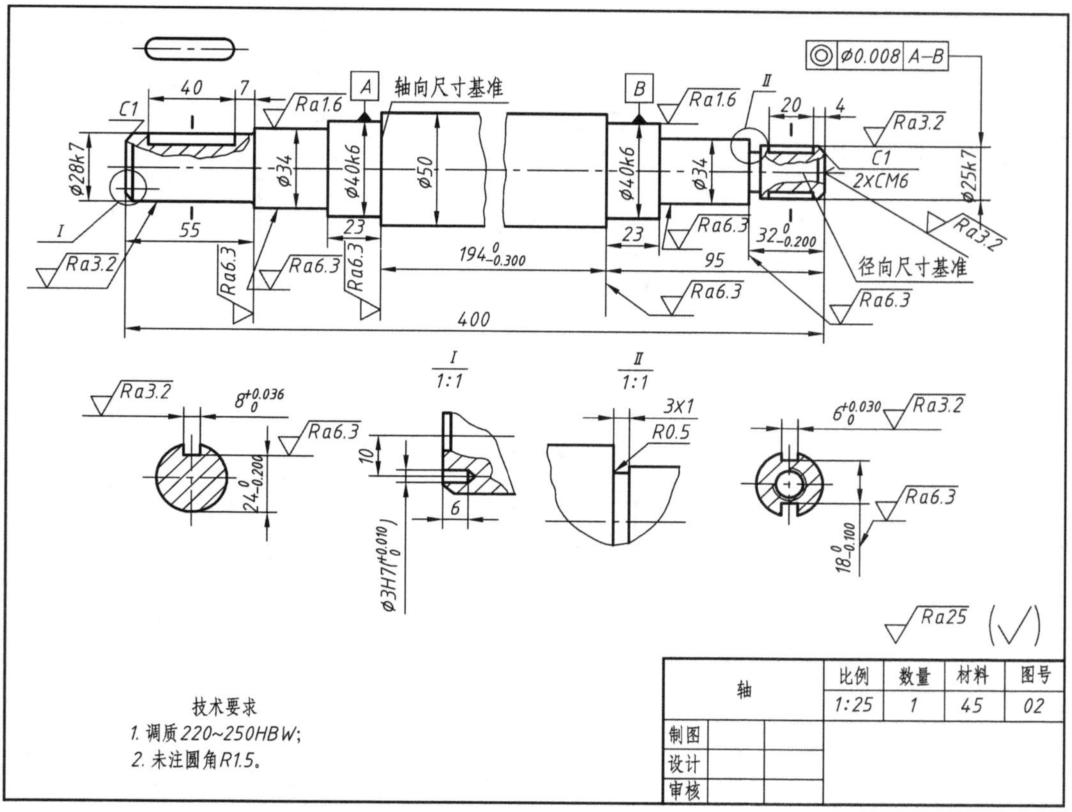

图 6-23 轴零件图

2. 尺寸标注

轴套类零件有径向尺寸和轴向尺寸。径向尺寸的尺寸基准为回转轴线，轴向尺寸的尺寸基准一般选取重要的定位面（即轴肩，如图 6-23 中 $\phi 40k6$ 处的轴承定位面）或端面。

3. 技术要求

（1）有配合要求或有相对运动的轴段，其表面粗糙度、尺寸公差和形位公差比其他轴段要求严格。如图 6-23 所示的两段 $\phi 40k6$ 轴段的各项技术要求都是比较高的。

（2）为了提高强度和韧性，往往需对轴类零件进行调质处理；对轴上和其他零件有相对运动的表面，为增加其耐磨性，有时还需要进行表面淬火、渗碳、渗氮等热处理。对热处理方法和要求，应在技术要求中注写清楚，如本例中的"调质 220～250 HBW"。

例 2　托架零件图的绘制和读图。

（1）读标题栏，概括了解。

首先通过标题栏了解零件的名称、材料、画图比例等，并粗略地看视图，大致了解该零件的作用、结构特点和大小。如图 6-24 所示的零件为托架，材料为 HT250（灰铸铁），比例为 1∶1，该零件属于支架类零件。

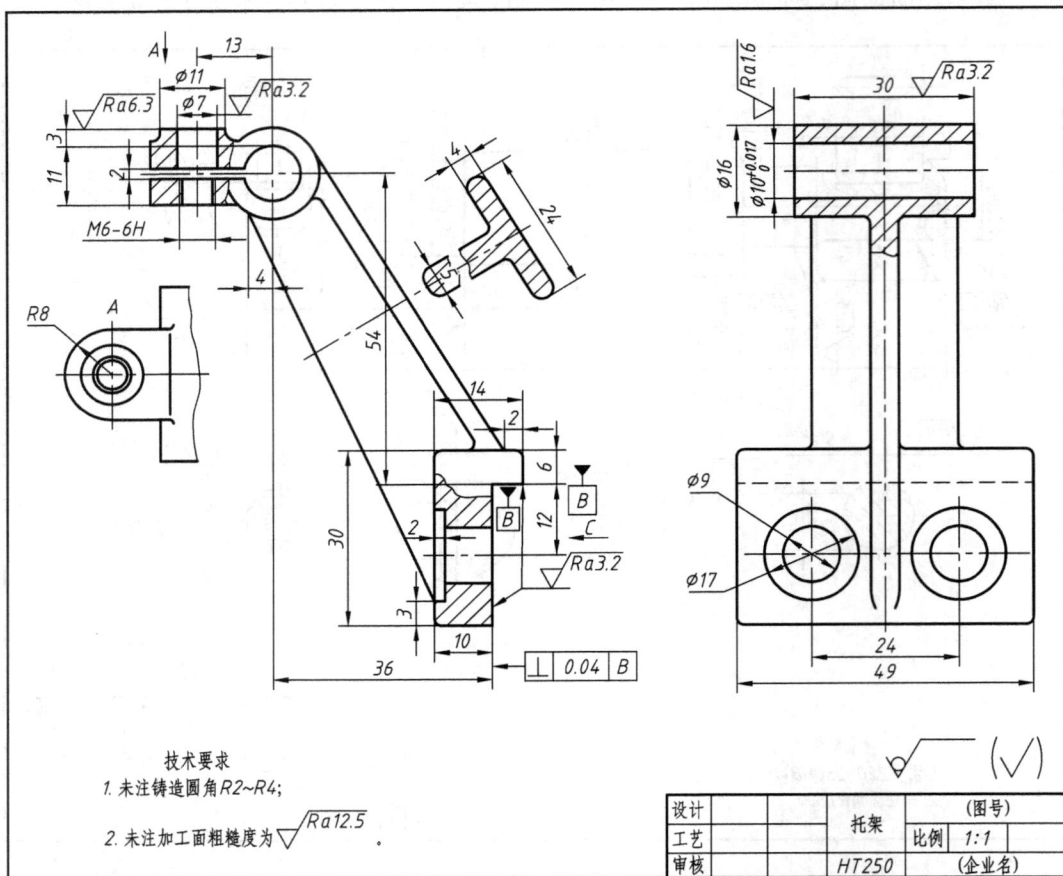

图 6-24　托架零件图

（2）分析视图。

概括了解后，接着应了解零件图的视图表达方案，分析各视图的表达重点，采用了哪几种表达方法等。

托架零件图采用了四个图形，分别为主视图、左视图、A 向局部视图和移出断面图。为了表达清楚内部孔的结构，主视图采用了两处局部剖视，左视图采用了一处局部剖视。

在读懂视图表达的基础上，运用形体分析的方法，根据视图间的投影关系，逐步分析零件各组成部分的结构形状和相对位置。在构思出零件主体结构形状的基础上，进一步搞清各部分细节的结构形状，最后综合想象出零件的完整结构。

（3）分析尺寸和技术要求。

零件的尺寸、粗糙度要求和形位公差要求都在图中进行了标注。未标注的尺寸和粗糙度要求都在技术要求中进行了说明，其余是不经切削加工的铸件表面。

（4）综合归纳。

在以上分析的基础上，对零件的形状、大小和质量要求进行综合归纳，对零件有一个比较全面的了解。

对于复杂的零件图，有时还需要参考有关的技术资料和图样，包括该零件所在的装配图以及与它有关的零件图等，以利于对零件进一步了解。

第 7 章 装 配 图

项目一 装配图的作用和内容

任务 1 装配图的作用

装配图是反映设计意图，表达部件工作原理、组成部分及装配关系的图样，也是制定装配工艺、检验、安装、使用和维修的技术资料。

在产品或部件的设计过程中，一般是先设计出装配图，然后根据装配图进行零件设计，画出零件图；在产品或部件的制造过程中，先根据零件图进行零件加工和检验，再依据装配图所制定的装配工艺规程将零件装配成机器或部件；在产品或部件的使用、维护及维修过程中，也经常要通过装配图来了解产品或部件的工作原理及构造。

任务 2 装配图的内容

装配图应有以下内容：

（1）一组图形：用一般表达方法和特殊表达方法，完整、正确、清晰、简便地表达工作原理、零件间的装配关系和主要零件的结构特征。

（2）必要的尺寸：装配图中只需注明特征尺寸、装配尺寸、安装尺寸、总体尺寸和其他重要尺寸。

（3）技术要求：用文字或符号说明装配体在装配、调试安装和使用中的技术要求。

（4）零件序号的明细表：为了便于管理及便于读图，装配图中每个零件编号并列成表格，以说明零件的名称、材料、规格、数量等。

（5）标题栏：注明装配体的名称、图号、重量、比例及责任人签名等。

【任务训练】 铣刀头装配图的内容分析

如图 7-1 所示为一台微动机构的轴测图。该机构的工作过程是通过转动手轮，带动螺杆转动，利用螺杆和导杆间的螺纹连接关系，将旋转运动转变成导杆的直线运动。

如图 7-2 所示是微动机构的装配图，下面分析该装配图中的内容。

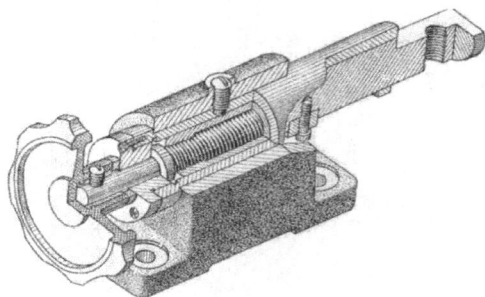

图 7-1 微动机构的轴测图

序号	名称	件数	材料	备注
12	镶 8X16	1	45	GB/T 65
11	螺钉M3X4	1	Q235	
10	导杆	1	45	
9	导套	1	45	
8	支座	1	ZL103	
7	紧定螺钉M6X12	1	Q235	GB/T 75
6	螺杆	1	45	
5	轴套	1	45	
4	紧定螺钉M3X8	1	Q235	GB/T 73
3	垫圈	1	Q235	GB/T 97
2	紧定螺钉M5X8	1	Q235	GB/T 71
1	手轮	1	酚醛塑料	JB1352-73

微动机构

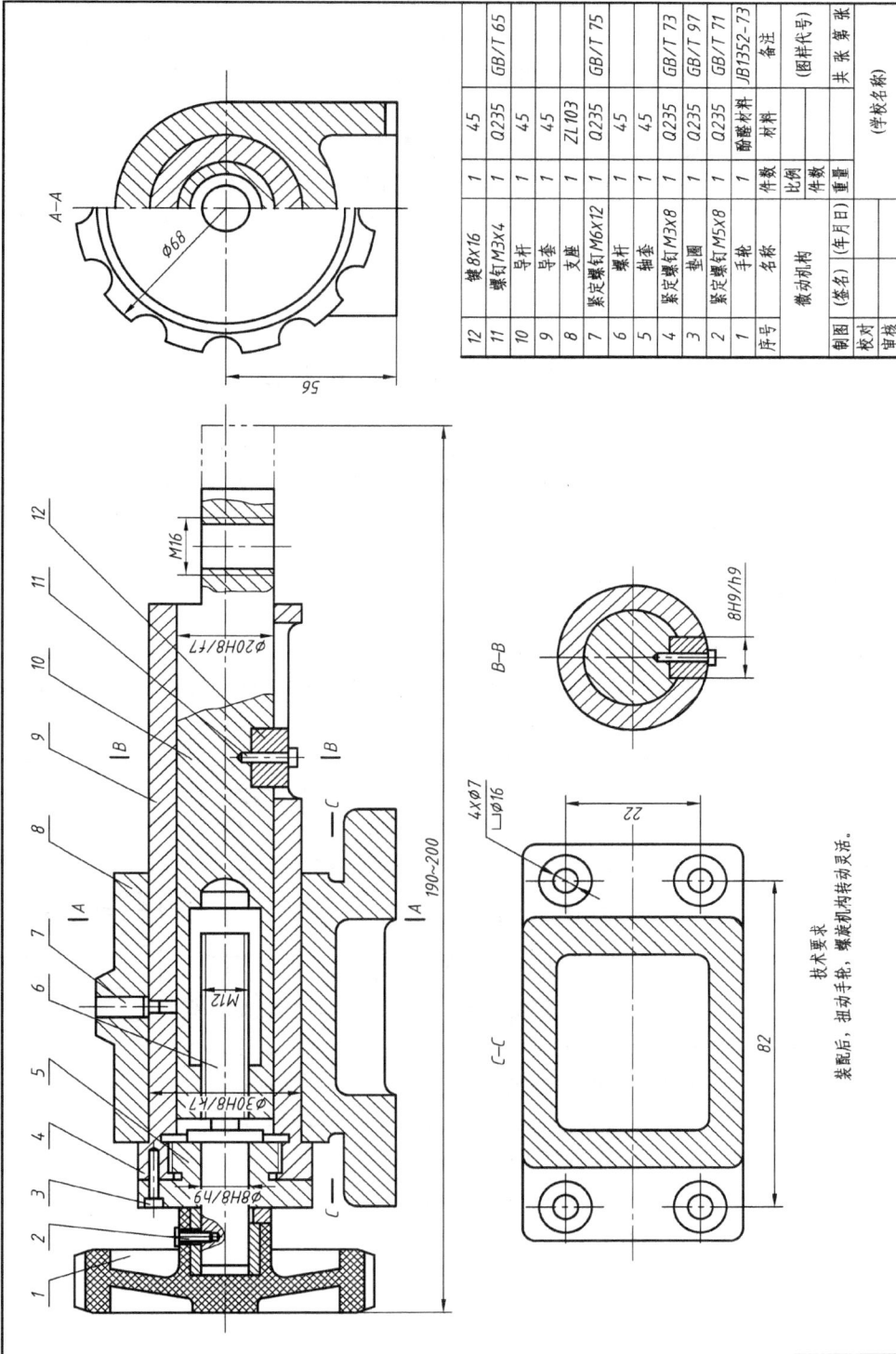

图 7-2 微动机构装配图

技术要求

装配后，扳动手轮，螺旋机构转动灵活。

— 115 —

（1）一组视图：主视图采用全剖视，主要表示微动机构的工作原理和零件间的装配关系；左视图采用半剖视图，主要表达手轮（1）和支座（8）的结构形状；俯视图采用 $C-C$ 剖视，主要表达微动机构安装基面的形状和安装孔的情况；$B-B$ 剖面图表示键（12）与导杆（10）等的连接方式。

（2）必要的尺寸：如微动机构的装配图中所标注的 M12、M16、ϕ20H8/f7、32、82 等。

（3）技术要求：如图 7-2 所示，装配后该机构需调试，并使手轮能够转动灵活。

（4）零、部件序号，标题栏和明细栏：在装配图中的右下角是明细栏和标题栏。在明细栏中，标有该装配体 12 种不同零件的名称、材料、代号等；在标题栏中有该装配图的名称、比例、图号、审核、校核、出处等。

项目二　装配图的表达方法

前面介绍了机件的表达方法，它既适用于零件图，又适用于装配图，但装配图主要以表达部件的工作原理和装配关系为主，同时将其内外部结构表达清楚。因此，国标还附加了画装配图的方法，即规定画法和特殊画法。

任务 1　装配图的规定画法

装配图的规定画法要点如下：

（1）两零件的接触面和配合面只画一条线。如螺栓连接两板件，两板件接触面只画一条线，而非接触面、非配合面应画两条线，如螺栓与螺栓孔之间应画两条线。

（2）相邻两零件的剖面线倾斜方向应相反，或方向一致但间隔不等。同一零件的剖面线在各个视图上应保证方向和间隔一致。

（3）对于螺栓紧固件和实心件（轴、杆等），当剖切平面通过其轴线时，这些零件均按不剖处理。

【任务训练】　减速器轴承支承处的规定画法

如图 7-3 所示，因轴承的内圈与轴配合处的基本尺寸一样，所以配合处画成一条轮廓线；因端盖与轴之间有间隙，虽然很小，但也需画成两条轮廓线；端盖与机座、机座与轴承因为相邻，所以剖面线方向相反，端盖和机座虽然在视图中被分割成两部分，但是剖面线也应该一致；螺钉、轴、螺母因从中心线剖切，故按照不剖画。

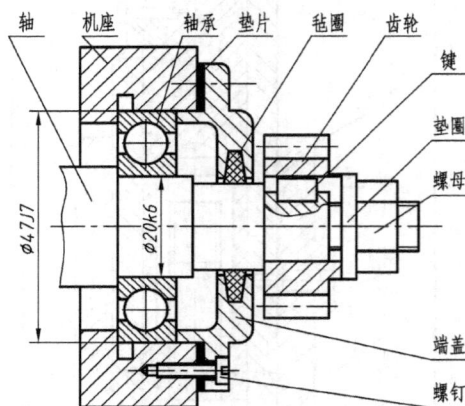

图 7-3　轴承座装配图

任务 2　装配图的特殊画法

1. 拆卸画法

当装配图中的某些零件在某视图中挡住了需表达的装配关系时，可假想将零件拆去后再投影绘图,这种方法叫拆卸画法。

如图 7-4 所示的俯视图右半图,轴承盖被拆卸后画出,并在俯视图上方注明"拆去轴承盖,上轴衬等"。如拆卸关系明显,不至于引起误解,也可省略标注。

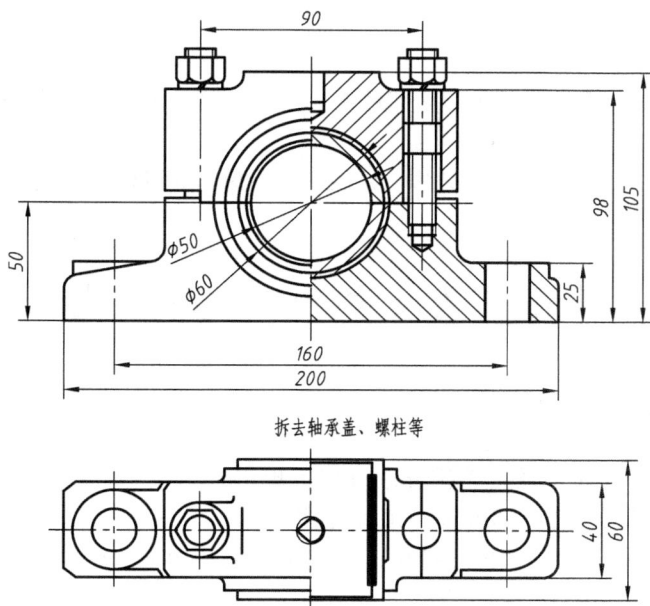

拆去轴承盖、螺柱等

图 7-4 沿结合面剖开

2. 沿零件的结合剖画法

装配图中,可假想沿某些零件的结合面剖切,结合面上不画剖面线,但注意横向剖断的轴、螺钉、销的断面上要画剖面线,如图 7-2 所示。

3. 假想画法

为了表示运动件的运动范围或极限位置,以及与本部件相邻的其他零、部件,需用双点画线画出,如图 7-5 所示。

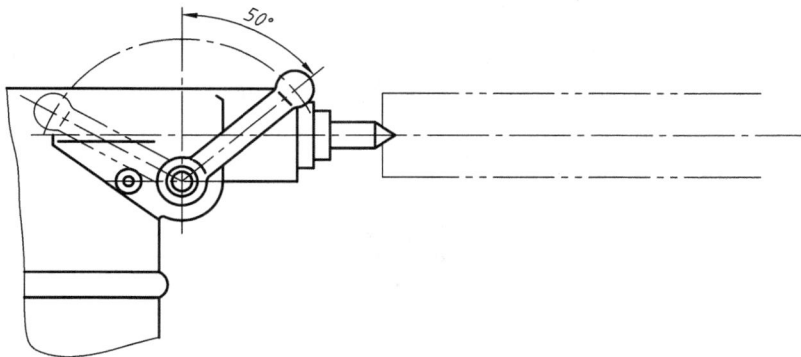

图 7-5 假想画法

4. 夸大画法

在装配图中，对一些薄片结构、细丝弹簧、微小间隙等难以用实际尺寸画出的，可采用夸大画法，如图 7-3 中的垫圈。

5. 简化画法

（1）在装配图中，若干相同的零、部件组，可详细地画出一组，其余只需用点画线表示其位置即可，如图 7-3 中的螺钉连接。

（2）在装配图中，零件的工艺结构，如倒角、圆角、退刀槽、拔模斜度、滚花等均可不画，如图 7-3 中的轴。

项目三　装配图的尺寸标注、零件序号及明细栏

任务1　装配图的序号

装配图中零、部件序号及其编排方法有如下规定：

（1）装配图中所有的零、部件都必须编写序号。

（2）装配图中一个部件可以只编写一个序号；同一装配图中相同的零、部件只编写一次。

（3）装配图中零、部件序号要与明细栏中的序号一致。

序号的编排方法有如下要求：

（1）装配图中编写零、部件序号的常用方法有三种，如图 7-6 所示。

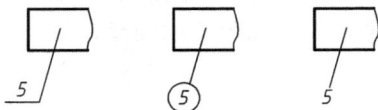

图 7-6　序号的编写方式

（2）同一装配图中编写零、部件序号的形式应一致。

（3）指引线应自所指部分的可见轮廓引出，并在末端画一圆点。如所指部分轮廓内不便画圆点，可在指引线末端画一箭头，并指向该部分的轮廓，如图 7-7 所示。

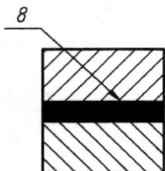

图 7-7　指引线画法

（4）指引线可画成折线，但只可曲折一次。

（5）一组紧固件以及装配关系清楚的零件组，可以采用公共指引线，如图 7-8 所示。

（6）零件的序号应沿水平或垂直方向按顺时针或逆时针方向排列，序号间隔应尽可能相等，如图 7-2 微动机构装配图中所示。

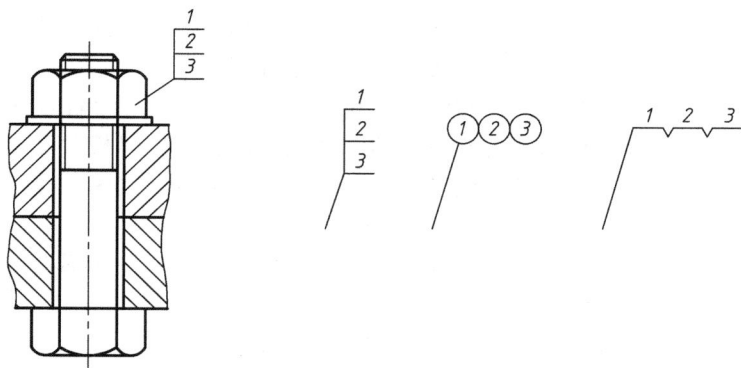

图 7-8 公共指引线

任务 2 装配图的标题栏和明细栏

1. 标题栏（GB/T **10609.1—1989**）

装配图中标题栏格式与零件图中相同。

2. 明细栏（GB/T **10609.2—1989**）

明细栏按 GB/T 10609.2—1989 规定绘制，如图 7-9 所示。

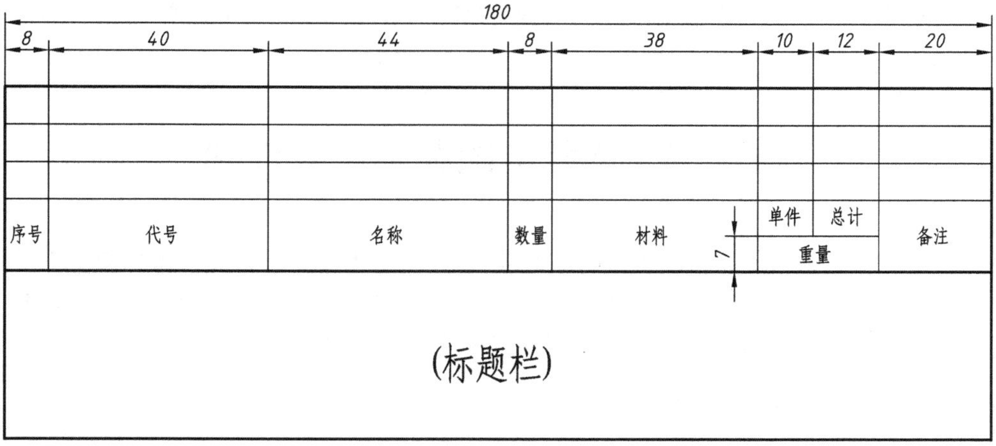

图 7-9 标题栏与明细栏

填写明细栏时要注意以下问题：

（1）序号按自下而上的顺序填写，如向上延伸位置不够，可在标题栏紧靠左边自下而上延续。

（2）备注栏可填写该项的附加说明或其他有关的内容。

任务 3　装配图的尺寸标注法

由于装配图主要用来表达零、部件的装配关系，所以在装配图中不需要注出每个零件的全部尺寸，而只需注出一些必要的尺寸。这些尺寸按其作用不同，可分为以下五类：

（1）规格尺寸：表明装配体规格和性能的尺寸，是设计和选用产品的主要依据。

（2）装配尺寸：包括零件间有配合关系的配合尺寸以及零件间相对位置尺寸。

（3）安装尺寸：机器或部件安装到基座或其他工作位置时所需的尺寸。

（4）外形尺寸：反映装配体总长、总宽、总高的外形轮廓尺寸。

（5）其他重要尺寸：在设计过程中经过计算而确定的尺寸和主要零件的主要尺寸以及在装配或使用中必须说明的尺寸。

以上五类尺寸，并非装配图中每张装配图上都需全部标注，有时同一个尺寸可同时兼有几种含义。因此装配图上的尺寸标注要根据具体的装配体情况来确定。

【任务训练】　微动机构的尺寸标注

图 7 - 2 所示装配图中的尺寸分析如下：

（1）规格尺寸：微动机构装配图中螺杆（6）的螺纹尺寸 M12 是微动机构的性能尺寸，它决定了手轮转动一圈后导杆（10）的位移量。

（2）装配尺寸：装配图中 $\phi20H8/f7$、$\phi30H8/k7$、$\phi H8/h7$ 的配合尺寸。

（3）安装尺寸：装配图中的 82，22，4 - $\phi7$ 孔所表示的安装尺寸。

（4）外形尺寸：装配图中的 190～200，36，$\phi68$。

（5）其他重要尺寸：装配图中的尺寸 190～200，它不仅表示了微动机构的总长，而且表示了运动零件导杆（10）的运动范围。非标准零件上的螺纹标记（如图 7 - 2 中的 M12、M16）在配图中要注明。

项目四　读装配图和拆画零件图

在生产、维修使用、管理机械设备和技术交流等工作过程中，常需要阅读装配图；在设计过程中，也经常要参阅一些装配图，或者由装配图拆画零件图。因此，作为工程界的从业人员，必须掌握读装配图以及由装配图拆画零件图的方法。

任务 1　装配图的读图方法

读装配图的方法和步骤如下：

（1）概括了解。

由标题栏、明细栏了解部件的名称、用途以及各组成零件的名称、数量、材料等，对于有些复杂的部件或机器还需查看说明书和有关技术资料，以便对部件或机器的工作原理和零件间的装配关系做深入的分析了解。

（2）分析各视图及其所表达的内容。

了解装配图的表达方案，分析它采用了哪些视图，搞清各视图之间的投影关系及所用的表达方法，如是剖视图还要找到剖切位置和投影方向；然后分析各视图所要表达的重点内容，以便弄清其表达的目的。

（3）弄懂工作原理和零件间的装配关系。

分析工作原理，一般从传动入手，传动关系弄清楚了，再分析工作原理就容易了。分析装配体的装配关系，须搞清各零件间的位置关系、零件间的连接关系和配合关系，并分析出装配体的装拆顺序。分析零件时最好与分析和它相邻零件的装配关系结合进行。

（4）分析零件的结构形状。

在弄懂部件工作原理和零件间的装配关系后，分析零件的结构形状，可有助于进一步了解部件的结构特点。

分析某一零件的结构形状时，首先要在装配图中找出反映该零件形状特征的投影轮廓。接着可按视图间的投影关系、同一零件在各剖视图中的剖面线方向、间隔必须一致的画法规定，将该零件的相应投影从装配图中分离出来。然后根据分离出的投影，按形体分析和结构分析的方法，弄清零件的结构形状。

（5）综合归纳。

在以上分析的基础上，还要对技术要求和全部尺寸进行分析，并把机器或部件的性能、结构、装配等几方面联系起来研究，进行综合归纳，就能想象出总体结构形状。

任务 2　拆画零件图的方法

在设计过程中，需要由装配图拆画零件图，简称拆图。拆图应在全面读懂装配图的基础上进行。拆画零件图时要注意以下三个问题：

（1）由于装配图与零件图的表达要求不同，在装配图上往往不能把每个零件的结构形状完全表达清楚，有的零件在装配图中的表达方案也不符合该零件的结构特点。因此，在拆画零件图时，对那些未能表达完全的结构形状，应根据零件的作用、装配关系和工艺要求予以确定并表达清楚。此外，对所画零件的视图表达方案一般不应简单地按装配图照抄。

（2）由于装配图上对零件的尺寸标注不完全，因此在拆画零件图时，除装配图上已有的与该零件有关的尺寸要直接照搬外，其余尺寸可按比例从装配图上量取。标准结构和工艺结构可查阅相关国家标准来确定。

（3）标注表面粗糙度、尺寸公差、形位公差等技术要求时，应根据零件在装配体中的作用，参考同类产品及有关资料确定。

【项目训练】　球阀装配图的读图和零件的拆画

1. 装配图的读图

（1）概括了解。

由图 7-10 中的标题栏、明细栏可知，该图所表达的是管路附件——球阀，该阀共由12 种零件组成。球阀的主要作用是控制管路中流体的流通量。从其作用及技术要求可知，密封结构是该阀的关键部位。

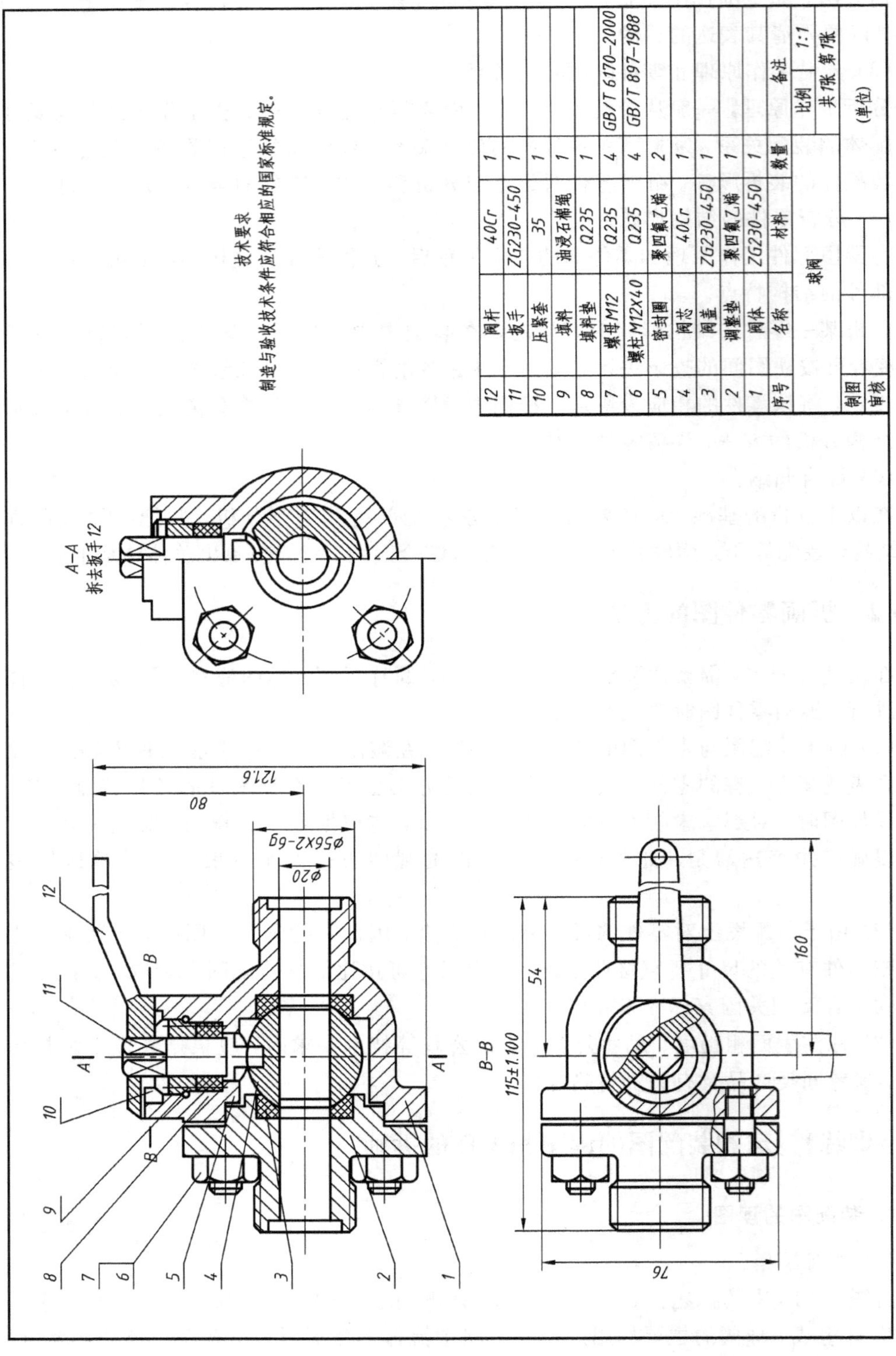
技术要求
制造与验收技术条件应符合相应的国家标准规定。
A—A
拆去扳手12
B—B
121.6
80
φ56X2-6g
φ20
160
54
115±1.100
76
球阀
比例 1:1
共1张 第1张
(单位)
制图
审核

序号	名称	材料	数量	备注
12	阀杆	40Cr	1	
11	扳手	ZG230-450	1	
10	压紧套	35	1	
9	填料	油浸石棉绳	1	
8	填料垫	Q235	1	
7	螺母M12	Q235	4	GB/T 6170-2000
6	螺柱M12X40	Q235	4	GB/T 897-1988
5	密封圈	聚四氟乙烯	2	
4	阀芯	40Cr	1	
3	阀盖	ZG230-450	1	
2	调整垫	聚四氟乙烯	1	
1	阀体	ZG230-450	1	

图 7－10 球阀装配图

（2）分析各视图及其所表达的内容。

图 7-10 所示的球阀，共采用三个基本视图。主视图采用局部剖视图，主要反映该阀的组成、结构和工作原理。俯视图采用局部剖视图，主要反映阀盖和阀体以及扳手和阀杆的连接关系。左视图采用半剖视图，主要反映阀盖和阀体等零件的形状及阀盖和阀体间连接孔的位置与尺寸等。

（3）弄懂工作原理和零件间的装配关系。

图 7-10 所示的球阀有两条装配线。从主视图看，一条是水平方向，另一条是垂直方向。其装配关系是：阀盖和阀体用四个双头螺柱和螺母连接，并用合适的调整垫调节阀芯与密封圈之间的松紧程度。阀体垂直方向上装配有阀杆，阀杆下部的凸块嵌入到阀芯上的凹槽内。为防止流体泄漏，在此处装有填料垫、填料，并旋入填料压紧套将填料压紧。

球阀的工作原理：扳手处于主视图中的位置时，阀门为全部开启，管路中流体的流通量最大。当扳手顺时针旋转到俯视图中双点画线所示的位置时，阀门为全部关闭，管路中流体的流通量为零。当扳手处在这两个极限位置之间时，管路中流体的流通量随扳手的位置而改变。

2. 零件图的拆画（拆图实例）

以图 7-10 所示球阀中的阀盖为例，介绍拆画零件图的一般步骤。

（1）确定表达方案。

由装配图分离出阀盖的轮廓如图 7-11 所示。

根据端盖类零件的表达特点，决定主视图采用沿对称面的全剖，侧视图采用一般视图。

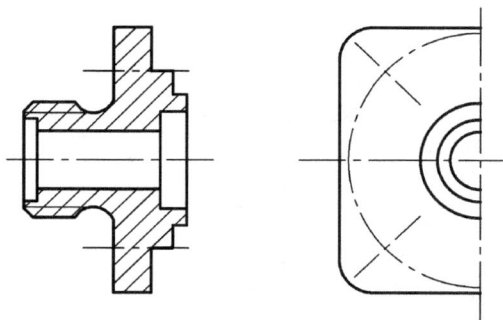

图 7-11 由装配图上分离出阀盖的轮廓

（2）尺寸标注。

对于装配图上已有的与该零件有关的尺寸要直接照搬，其余尺寸可按比例从装配图上量取。标准结构和工艺结构可查阅相关国家标准确定，标注阀盖的尺寸。

（3）技术要求标注。

根据阀盖在装配体中的作用，参考同类产品的有关资料，标注表面粗糙度、尺寸公差、形位公差等，并注写技术要求。

（4）填写标题栏，核对检查，完成后的全图如图 7-12 所示。

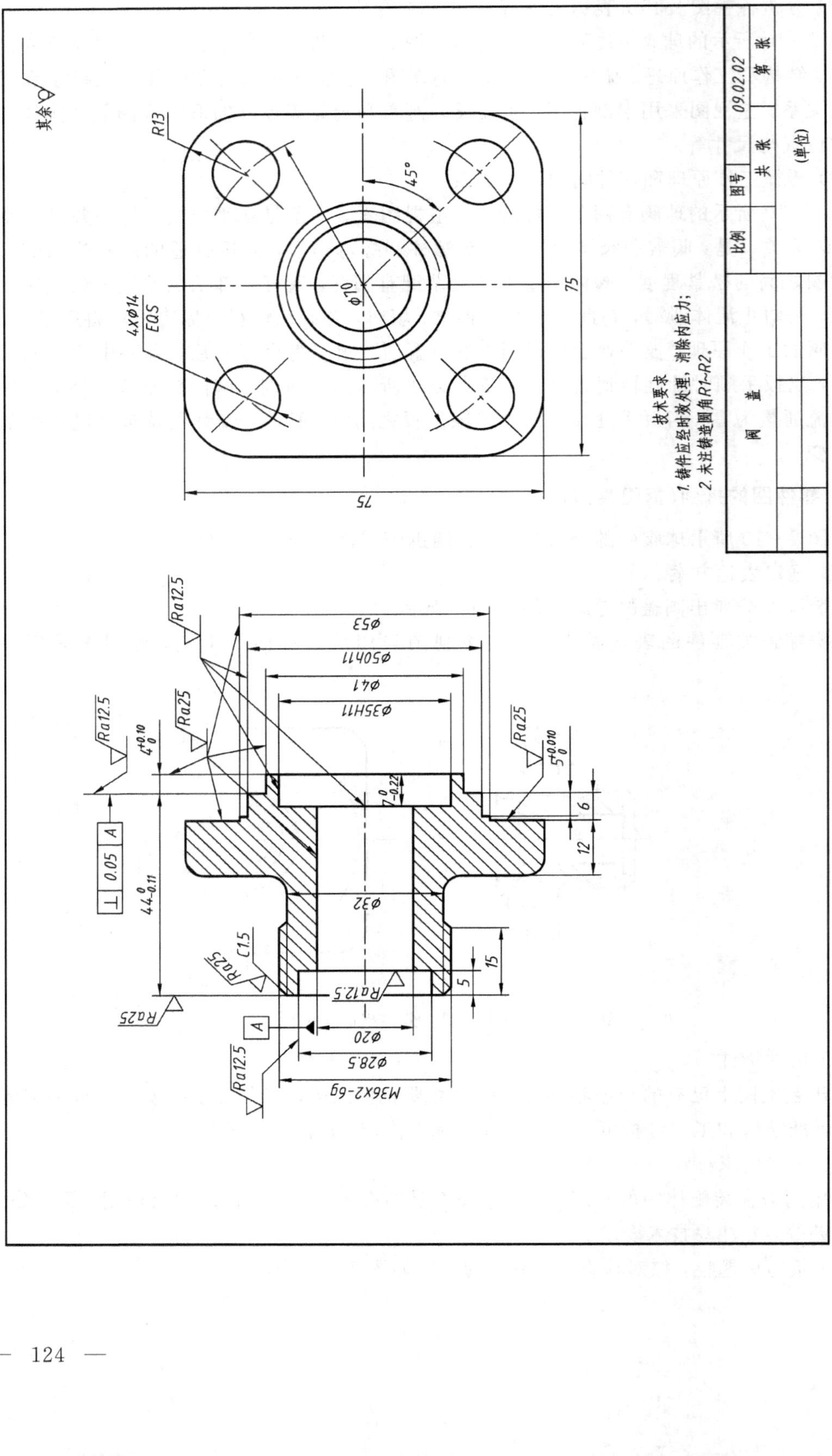

图 7 - 12 阀盖零件图

技术要求
1.铸件应经时效处理，消除内应力；
2.未注铸造圆角R1~R2.

【技能训练】 齿轮泵装配图及零件图的绘制

1. 观察了解装配体

图 7-13 所示为齿轮泵的外观图，它主要由泵体、泵盖、齿轮、轴等组成。在泵体内装有一对互相啮合的圆柱齿轮，齿轮轴 1 的轴端伸出泵体外，连接动力，并通过填料 3、压盖 5 及螺母 4 进行密封，从动齿轮 8 滑装在从动轴 9 上，从动轴 9 压配在泵体 2 的轴孔中，泵体 2 与泵盖 10 靠两个圆锥销 7 定位，并用四个螺栓 6 连接在一起。

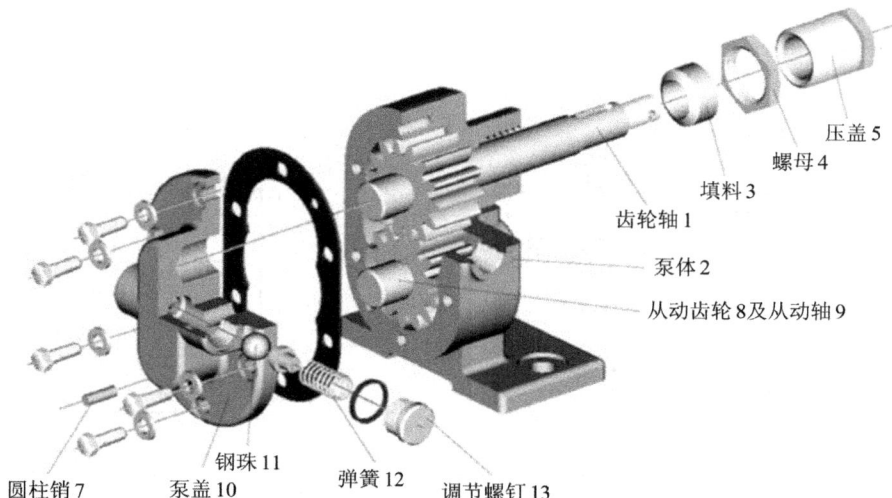

压盖 5
螺母 4
填料 3
齿轮轴 1
泵体 2
从动齿轮 8 及从动轴 9
圆柱销 7　泵盖 10　钢珠 11　弹簧 12　调节螺钉 13

图 7-13　齿轮泵外观图

泵体 2 两侧各有一个带锥螺纹的通孔，以便装入吸油管和出油管，当齿轮轴 1 带动从动齿轮 8 旋转时，齿轮左边形成真空，润滑油在大气压力作用下自吸油管进入泵体，填满齿间，然后被带到出油孔处，把油压入输油管，送往各润滑管路中。

在泵盖上有安全装置，当输油孔处油压超过额定压力时，弹簧 12 压紧的钢球 11 被顶开，则使高低压通道相通，形成润滑油在泵体内部循环，从而起到了完全保护作用。旋转调节螺钉 13，可以改变弹簧 12 的压缩量，从而调节弹簧压力，控制油压。

2. 装配图的绘制

画装配图的步骤大致与画零件图相同，在了解了工作原理后，选择好合适的表达方案。齿轮泵的主视图采用局部剖视，重点表达内部结构和传动关系；俯视图采用局部剖视，主要表达安全装置的工作原理。左视图为外形图，除表达泵体、泵盖结构形状外，也表明了定位销和紧固螺栓的分布情况。

表达方案确定后，画装配图的步骤如下：

(1) 确定比例、合理布局。根据装配体实际大小和复杂程度，确定合适的比例和图幅。

(2) 画装配体的主要结构。画装配体时，应从主要结构入手，由主到次画出，外形图应先画可见部分，再画被挡件的露出部分。剖视图应按装配体实际层次，从装配干线的轴线出发，由内向外逐层画出。

画齿轮泵主视图时，应先画出齿轮轴 1 和从动轴 9，再画从动齿轮 8 及齿轮轴系上的其他零件。

（3）画出次要结构。画出各视图中的泵体、泵盖等的详细结构以及压盖、螺栓、螺母、销等细小结构。

（4）检查校对、补充修改。装配图比较复杂，很容易造成错误或遗漏，因此打完底稿后，必须检查校对，进行必要的修改和补充。

（5）完成全图。检查无误后，再加深图线，画出剖面线，标出必要的尺寸、技术要求、零件序号，填写明细栏和标题栏。

图 7-14 所示为根据图 7-13 所示的齿轮泵外观图所画的装配图。

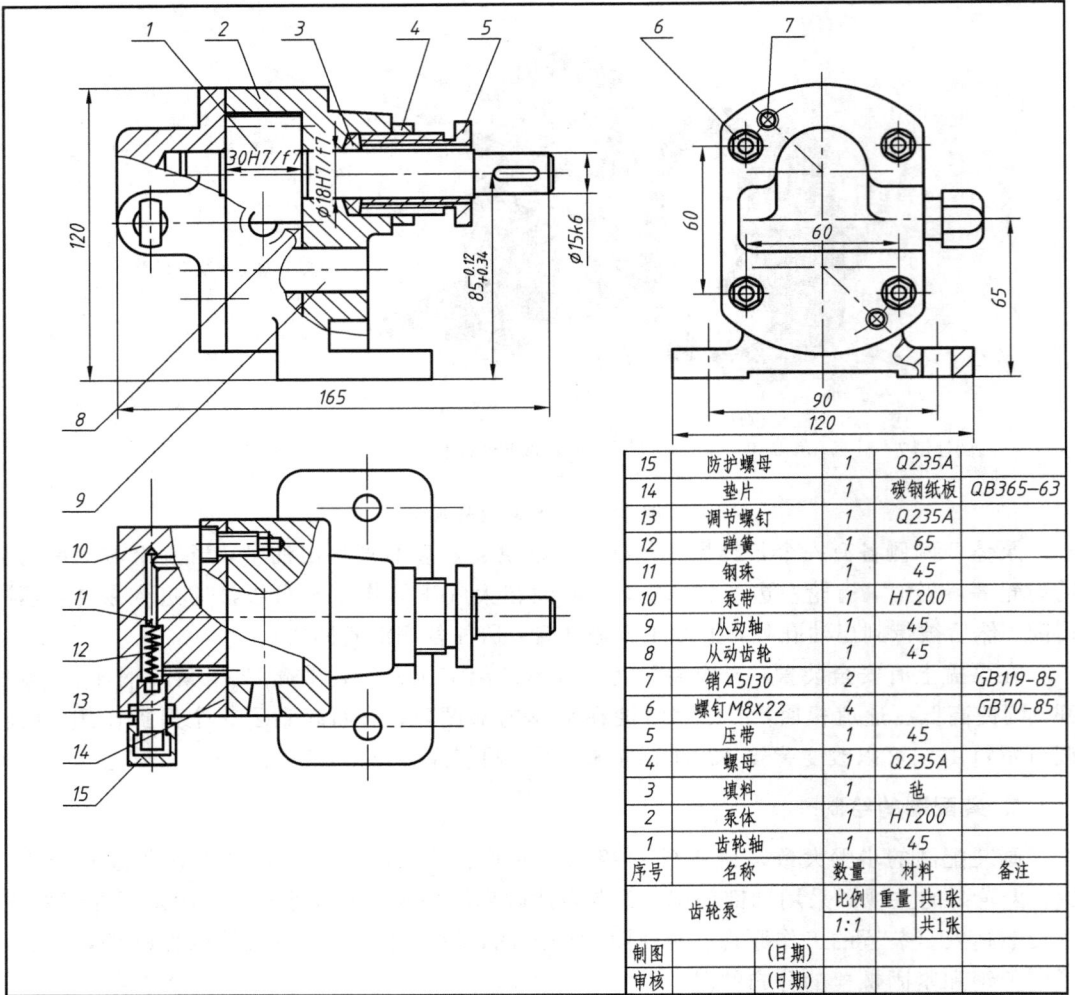

15	防护螺母	1	Q235A	
14	垫片	1	碳钢纸板	QB365-63
13	调节螺钉	1	Q235A	
12	弹簧	1	65	
11	钢珠	1	45	
10	泵带	1	HT200	
9	从动轴	1	45	
8	从动齿轮	1	45	
7	销 A5l30	2		GB119-85
6	螺钉 M8x22	4		GB70-85
5	压带	1	45	
4	螺母	1	Q235A	
3	填料	1	毡	
2	泵体	1	HT200	
1	齿轮轴	1	45	
序号	名称	数量	材料	备注
	齿轮泵	比例	重量	共1张
		1:1		共1张
制图	（日期）			
审核	（日期）			

图 7-14 齿轮泵装配图

3. 零件图的绘制

装配工作图画好后，就要根据装配图整理绘制出除标准件外的全部零件工作图。泵体、齿轮轴零件图分别如图 7-15、图 7-16 所示。

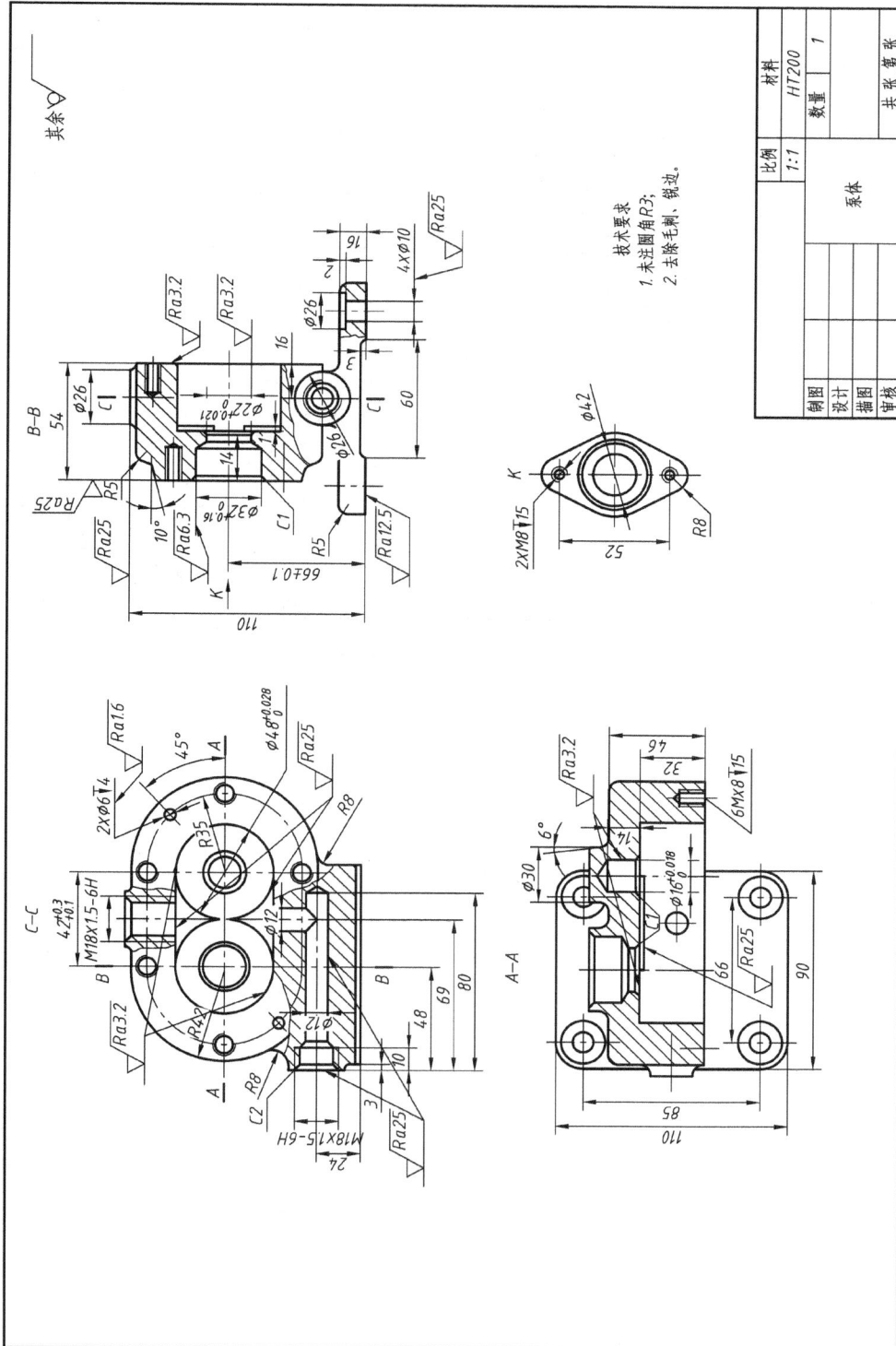

图 7-15 泵体零件图

模数	4
齿数	10
齿形角	20°
精度等级	8-7-7GK

两面

⊥ 0.015 A-B

√Ra0.8

√Ra1.6

其余 √Ra12.5

25

√Ra0.8

√Ra0.8

√Ra0.8

1.5×45°
两端

√Ra0.8

√Ra6.3

18 6

√Ra0.4

Ø48f7
Ø40

Ø18f7

Ø18f7

Ø18e8

Ø15k6

A

B

R1.5

2×0.5

2×0.5

17

30f7

67

145

√Ra6.3

12

5N9

齿轮轴		比例	材料
		1:1	45
制图	(日期)		
校核			

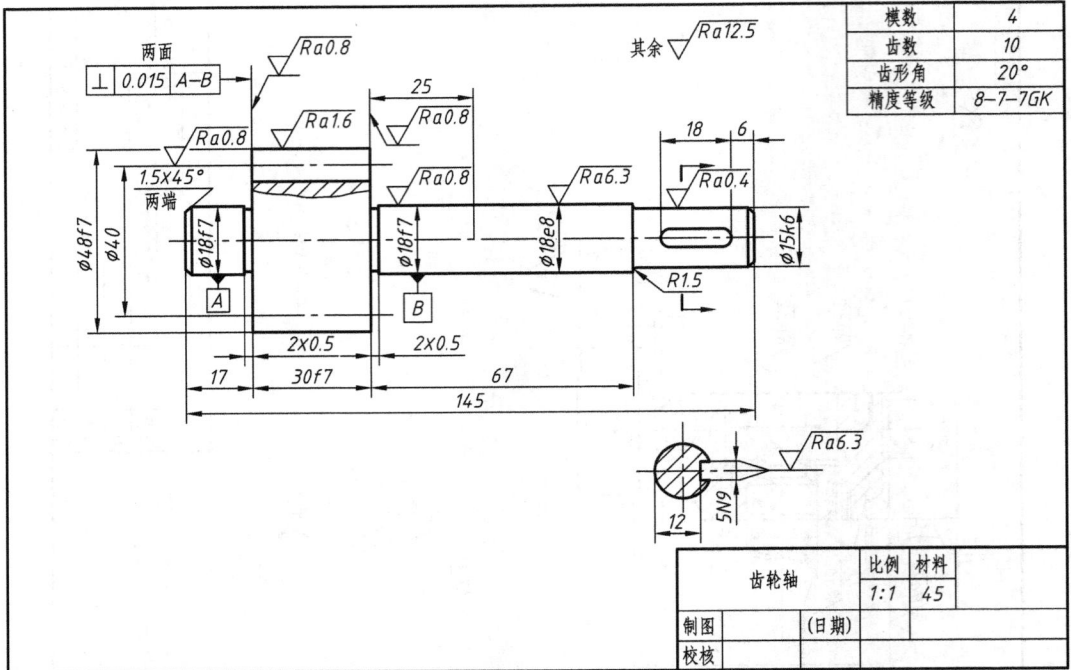

图 7-16 齿轮轴零件图

第 8 章 制 图 测 绘

项目一 零部件测绘的基础知识

部件的测绘就是根据现有的部件(或机器),先画出零件草图,再画出装配图和零件工作图的过程。在生产实践中测绘是获取技术资料的一种重要途径和方法,常应用于机器设备的仿制、维修或技术改造工作中。作为工程技术人员必须掌握该基本技能。

测绘工作是一件既复杂又细致的工作,其中大量和基本的工作是分析机件的结构形状,画出图形,准确测量尺寸,弄清并制定出技术要求等。

任务 1 测绘的目的、内容及要求

1. 测绘的目的

测绘的基本过程:了解机器的工作原理,熟悉拆装顺序,绘制装配示意图、零件草图、装配图及零件图。

(1)复习和巩固已学知识,并在测绘中得到综合应用。

(2)掌握测绘的基本方法和步骤,培养部件和零件的测绘能力。

(3)为后续课程的课程设计和毕业设计奠定基础。

2. 测绘的内容

测绘具体包含如下内容:(1)装配示意图一份;(2)零件草图一套;(3)装配图一张;(4)零件工作图一套。

3. 测绘的基本要求

在测绘过程中,要求培养学生独立分析问题和解决问题的能力,且保质、保量、按时完成部件测绘任务。具体要求是:

(1)测绘前要认真阅读测绘指导书,明确测绘的目的、要求、内容及方法和步骤。

(2)认真复习与测绘有关的内容,如视图表达、尺寸测量方法、标准件和常用件、零件图与装配图等。

(3)认真绘图,保证图纸质量,做到正确、完整、清晰和整洁。

(4)做好准备工作,如测量工具、绘图工具、资料、手册、仪器用品等。

(5)在测绘中要独立思考,一丝不苟,有错必改,反对不求甚解,照抄照搬,容忍错误的做法。

（6）按预定计划完成测绘任务，所画图样经教师审查后方可呈交。

任务 2　零件尺寸常用的测量方法

1. 部件测绘时常用的拆卸工具

常用的拆卸工具有扳手、手锤、手钳、螺丝刀等。

2. 测量零件尺寸时常用的测量工具

如图 8-1 所示为几种常用量具。对于精度要求不高的尺寸一般用钢直尺、外卡钳和内卡钳。对于精度要求较高的尺寸需使用游标深度卡尺、千分尺进行测量。

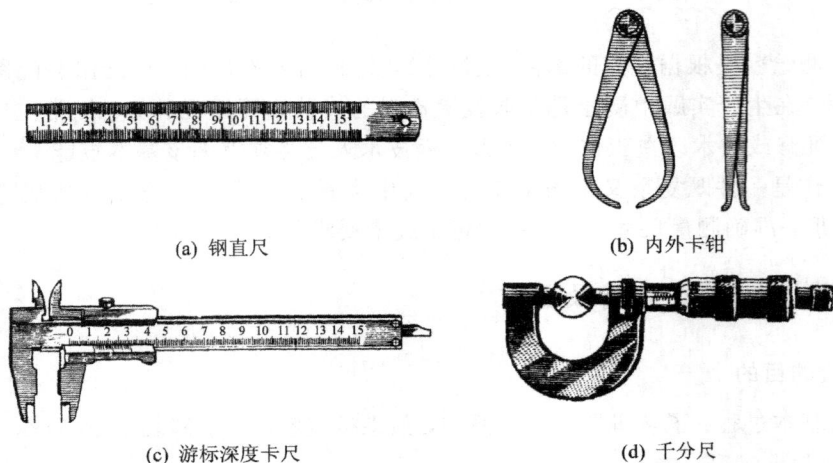

(a) 钢直尺　　　　　　　　　　　　　(b) 内外卡钳

(c) 游标深度卡尺　　　　　　　　　　(d) 千分尺

图 8-1　常用测量工具

3. 常用的测量方法

（1）测量长度及内、外径一般使用钢直尺、内卡钳、外卡钳或游标卡尺、千分尺等，如图 8-2(a)、(b)、(c)所示。

（2）测量壁厚，如图 8-2(d)所示，也常用钢尺、内外卡钳及游标卡尺、千分尺等。

（3）测量孔的定位尺寸或孔的中心距的方法，如图 8-3 所示。

（4）曲线轮廓和曲面轮廓的确定，如图 8-4 所示，可用铅丝法(见图 8-4(a))、拓印法(见图 8-4(b))和坐标法(见图 8-4(c))，要求比较准确时，就须用专用的测量仪测量（三坐标仪等）。

（5）确定齿轮参数的步骤如下：

① 不论大小齿轮，测绘时首先应数出其齿数 Z。

② 测量出齿轮的齿顶圆直径 d_a：当齿数是偶数时，可用游标卡尺直接量出 d_a；当齿数为奇数齿时，齿顶圆直径不能直接测量，可测量出齿轮孔的直径 d 和孔的边缘到齿顶的距离 e，则 $d_a = d + 2e$。

③ 计算模数 m：根据公式 $m = \dfrac{d_a}{Z+2}$ 求出模数后，从标准模数(GB 1357—1987)中选取相近似的数值，使模数 m 标准化。

(a) 直尺测量长度

(b) 游标卡尺测量内、外径

量实物　　　　读数值

(c) 测量内径

(d) 测量壁厚

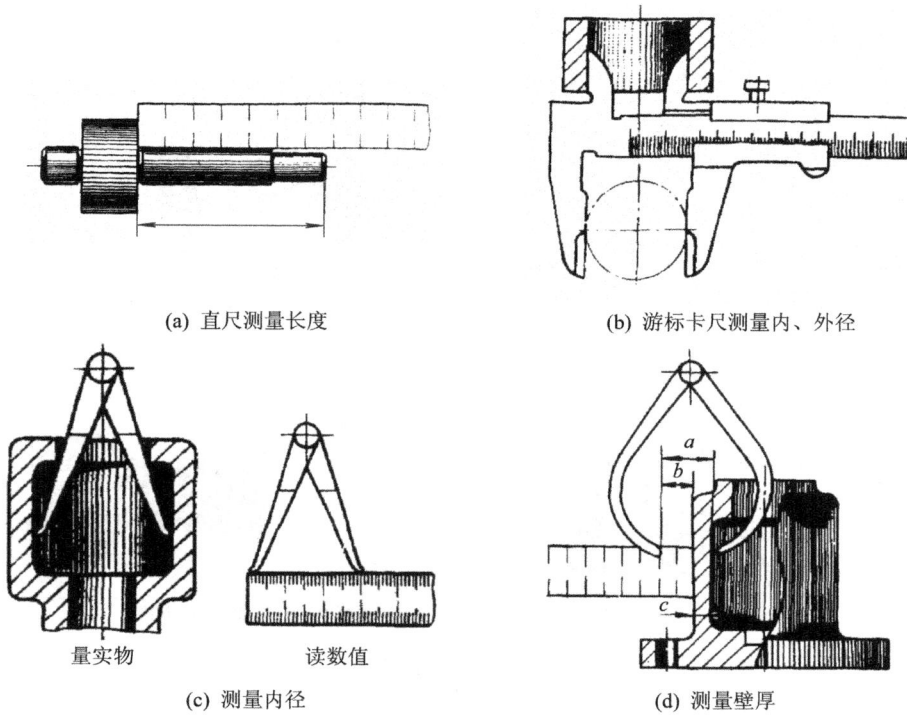

图 8-2　直径、长度、壁厚的测量

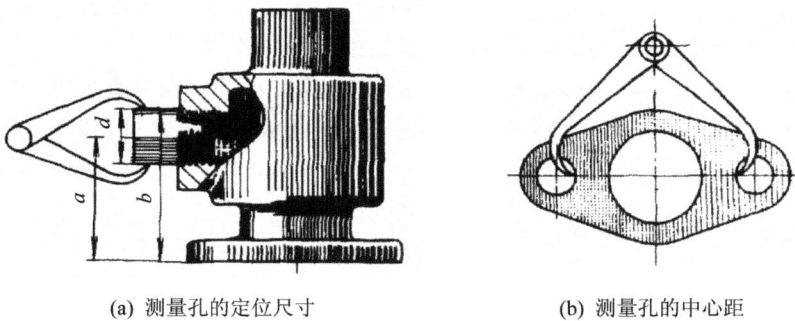

(a) 测量孔的定位尺寸

(b) 测量孔的中心距

图 8-3　孔的定位及中心距的测量

④ 根据模数 m 和齿数 Z 及有关公式，重新计算出齿顶圆、齿根圆和分度圆的直径及其他尺寸：

分度圆直径 $d = mZ$

齿根圆直径 $d_f = m(Z-2.5)$

齿顶圆直径 $d_a = m(Z+2)$

齿顶高 $h_a = m$

⑤ 测量出其他各部分的结构尺寸。

齿轮的其他部分尺寸可以标实际测量尺寸。

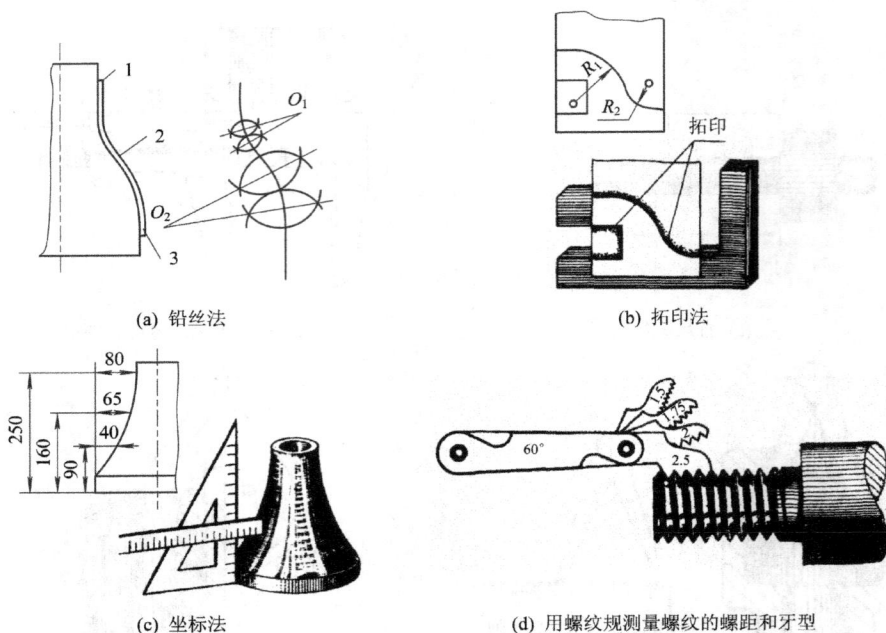

(a) 铅丝法

(b) 拓印法

(c) 坐标法

(d) 用螺纹规测量螺纹的螺距和牙型

图 8-4　特殊特征的测量

任务 3　徒手绘图的方法

零件的测绘就是根据实际零件画出它的图形，测量出它的尺寸并制订出技术要求。测绘时，首先徒手画出零件草图，然后根据草图画出零件工作图。

徒手图也称草图，是不借助绘图工具目测形状及大小徒手绘制的图样。在机器测绘、讨论设计方案、技术交流和现场参观时，受现场或时间限制，通常只绘制草图。

1. 画草图的要求

（1）画线要稳，图线要清晰。

（2）目测尺寸要尽量准，各部分比例匀称。

（3）绘图速度要快。

（4）标注尺寸无误，书写清楚。

2. 画草图的方法

画草图的铅笔比用仪器画图的铅笔软一号，需削成圆锥形，画粗实线要秃些，画细实线可尖些。要画好草图，必须掌握徒手绘制各种线条的基本手法。

1）握笔方法

手握笔的位置要比用仪器绘图时高些，以利于运笔和观察目标。笔杆与纸面成 45°～60°角，执笔稳而有力。

2）直线的画法

画直线时，手腕靠着纸面，沿着画线方向移动，保持图线稳直，眼要注意终点方向。画垂直线时自上而下运笔；画水平线时自左而右的画线方向最为顺手，这时图纸可放斜；斜线一般不太好画，故画图时可以转动图纸，使欲画的斜线正好处于顺手方向；画短线时，常以手腕运笔，画长线则以手臂动作。为了便于控制图大小比例和各图形间的关系，可利用方格纸画草图。

3）圆和曲线的画法

画圆时，应先定圆心位置，过圆心画对称中心线，在对称中心线上距圆心等于半径处截取四点，过四点画圆即可，如图 8-5(a)所示。画稍大的圆时可再加一对十字线并同样截取四点，过八点画圆，如图 8-5(b)所示。

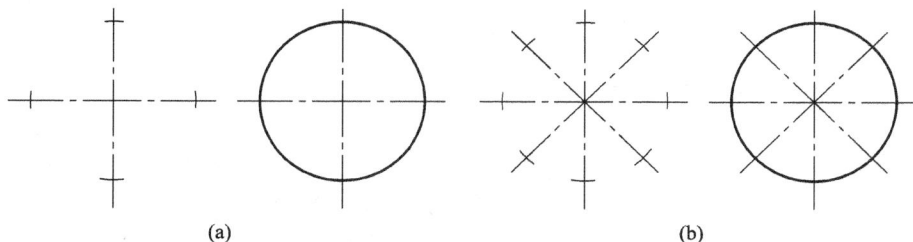

(a)　　　　　　　　　　　　　　　　　(b)

图 8-5　圆的徒手绘图方法

对于圆角、椭圆及圆弧连接，也是尽量利用与正方形、长方形和菱形相切的特点画出，如图 8-6 所示。

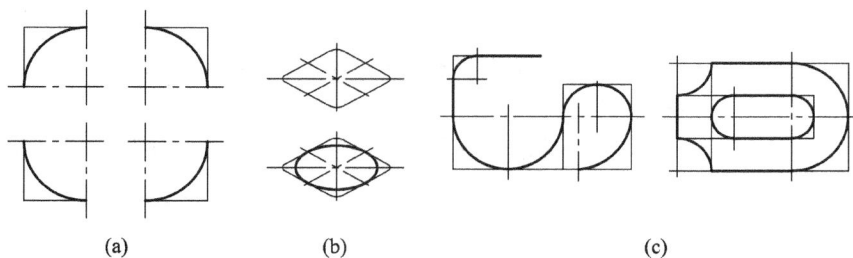

(a)　　　　　　(b)　　　　　　(c)

图 8-6　圆角、椭圆及圆弧的连接

项目二　零部件绘图的方法及步骤

任务 1　零部件草图的绘制方法

零件草图是绘制零件工作图的依据，它必须具备零件工作图的全部内容，应努力做到：内容完整、表达正确、图线清晰、比例均匀、要求合理、字体工整。因此，零件草图不应是"潦草"的图，应认真对待，仔细画好。绘制零部件草图的步骤如下：

1. 了解和分析测绘对象

首先应了解零件的名称、用途、材料以及它在机器（或部件）中的位置和作用，然后对该零件进行结构分析和制造方法的大致分析。

2. 确定视图表达方案

根据显示形状特征的原则，按零件的加工位置或工作位置确定主视图，再按零件的内外结构特点选用必要的其他视图、剖视、断面等表达方法。

3．绘制零件草图

① 确定绘图比例：根据零件大小、视图数量、现有图纸大小，确定适当的比例。

② 定位布局：根据所选比例，粗略确定各视图应占的图纸面积，在图纸上作出主要视图的作图基准线、中心线。注意留出标注尺寸和画其它补充视图的地方。

③ 详细画出零件的内、外结构和形状。注意各部分结构之间的比例应协调。

④ 检查、加深有关图线。

⑤ 画尺寸界线、尺寸线，将应该标注的尺寸的尺寸界线、尺寸线全部画出。

任务2　零部件工作图的绘制

零件草图是现场测绘的，所考虑的问题不一定是最全面的，因此在画零件图时，需要对草图再进行审核。有些要设计、计算和选用，如表面粗糙度、尺寸公差、形位公差、材料及表面处理等；有些问题也需要重新加以考虑，如表达方案的选择、尺寸的标注等。在经过复查、补充、修改后，方可画零件图。

任务3　画零件图的方法和步骤

画零件图的步骤如下：

（1）选好比例——根据零件的复杂程度选择比例，尽量选用1：1。

（2）选择幅面——根据表达方案、比例选择标准图幅。

（3）画底图——定出各视图的基准线→画出图形→标出尺寸→注写技术要求→填写标题栏。

（4）校核。

（5）描深。

（6）审核。

项目三　一级直齿圆柱齿轮减速器的测绘

任务1　了解测绘对象和拆卸部件

1．了解测绘对象

通过观察实物，仔细阅读有关资料，了解测绘对象的用途、性能、工作原理、结构特点以及装配关系等。

如图8-7所示，从图中可以看出，一级直齿圆柱齿轮减速器是由31种零件组成的，其中有11种标准件，其余为非标准件。

一级圆柱齿轮减速器是通过装在箱体内的一对啮合齿轮的转动，动力从一轴传至另一轴实现减速的。由于从动齿轮的齿数没有主动齿轮的齿数多，所以从动轴的转速下降，达到减速的目的。因此，减速器中齿轮和转轴是关键部件，其他零件都是为这一对齿轮正常

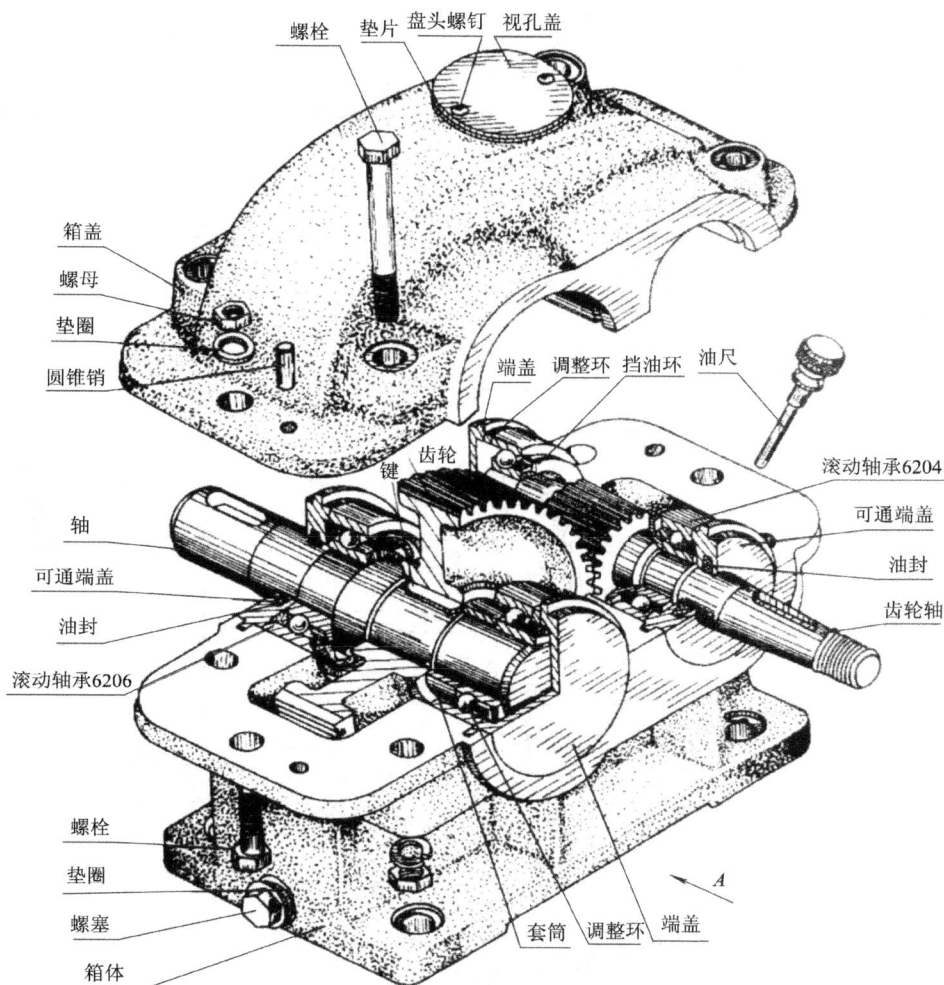

图 8-7 一级直齿圆柱齿轮减速器组成

工作运转服务的。为了支撑齿轮和转轴,就要有箱体和轴承;为了润滑,箱体就要能存油,并用箱盖和端盖等零件密封。

2. 拆卸部件和画装配示意图

如图 8-8 所示,箱座与箱盖通过六个螺栓连接,拆下六个螺栓,稍错位拧动螺栓即可将箱盖顶起拿掉。对于两轴系上的零件,整个取下该轴系,即可一一拆下各零件。其他各部分拆卸比较简单,不再赘述。装配时,一般情况下倒转过来,后拆的零件先装,先拆的零件后装,即可完成装配。

拆卸零件时注意不要用硬物乱敲,以防敲毛敲坏零件,影响装配复原。对于不可拆的零件,如过渡配合或过盈配合的零件则不要轻易拆下。对拆下的零件应妥善保管,最好依序同方向放置,以免丢失或给装配增添困难。

根据拆卸流程画出装配示意图,如图 8-8 所示。

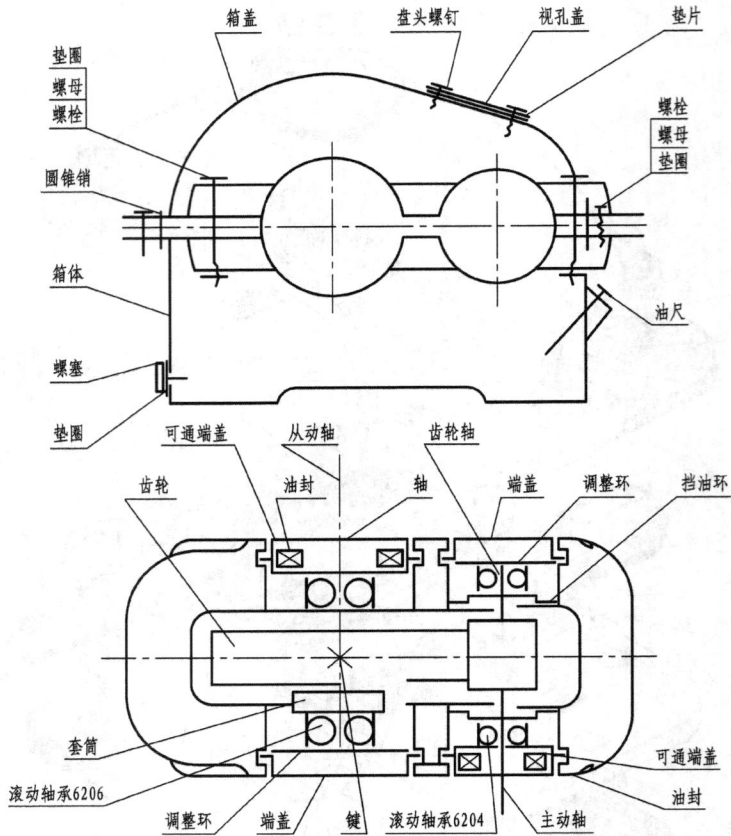

图 8-8　一级直齿圆柱齿轮减速器的装配示意图

任务2　主要零件草图的绘制

通过对一级直齿圆柱齿轮减速器各零件的分析,各零件明细详见表8-1。

表 8-1　装配图零件明细表

31	可通端盖	1	HT200	
30	油封	1	毛毡	
29	深沟球轴承 6204	2		GB276-89
28	键 A8×7×20	1	45	GB1096-79
27	端盖	1	HT200	
26	调整环	1	Q235A	
25	深沟球轴承 6206	2		GB276-89
24	支撑环	1	Q235A	
23	螺塞	1	Q235A	
22	垫圈	1	石棉橡胶纸	

21	齿轮	1	35SiMn	
20	可通端盖	1	HT200	
19	油封	1	毛毡	
18	轴	1	45	
17	齿轮轴	1	35SiMn	
16	端盖	1	HT200	
15	调整环	1	Q235A	
14	挡油环	2	Q235A	
13	油尺	1	Q235A	
12	垫圈 8	2	65Mn	GB93 - 87
11	螺母 M8	2	Q235A	GB6170 - 86
10	螺栓 M8×25	2	Q235A	GB5782 - 86
9	垫片	1	石棉橡胶纸	
8	视孔盖	1	Q235A	
7	半圆头螺钉 M3×10	2	Q235A	GB66 - 85
6	箱盖	1	HT200	
5	垫圈 10	4	65Mn	GB97.1 - 86
4	螺母 M10	4	Q235A	GB6170 - 86
3	螺栓 M10×65	4	Q235A	GB5782 - 86
2	圆锥销 A4×18	2	45	GB117 - 98
1	箱体	1	HT200	
序号	名 称	数量	材 料	备 注

1. 箱体的测绘

1）箱体的结构分析

箱体的结构如图 8-9 所示，从图中可以看出其属于箱体类零件，用于容纳轴、齿轮等零件。根据工作的需要，其上加工有凸台、肋板、螺栓孔、销孔、油尺孔和减速器的安装孔等。

2）视图的选择和表达方案

以箱体的工作位置作为主视图的投射方向，如图 8-9 所示。图 8-10 是箱体的表达方案：主视图表达箱体各组成部分的上下层关系，5 处局部剖视表达各孔、槽的内部结构；俯视图用以表达箱体的外部形状及各部分的前后、左右的位置关系；左视图是用两个相互平行的剖切平面将箱

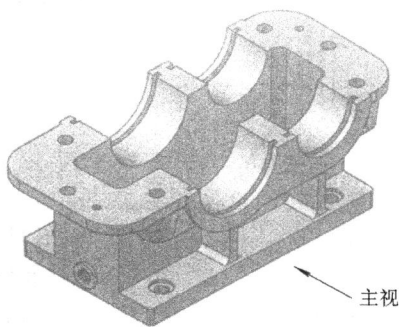

图 8-9　箱体的结构及主视图方向的选择

体剖开，表达箱体上孔的内部结构；$D-D$ 局部剖视图表达箱体上螺栓连接处凸缘部分的结构及形状；E 向斜视图表达箱体上安装油尺部分断面的结构形状；另外用一个局部放大图表达箱体上安装端盖的凹槽的结构。

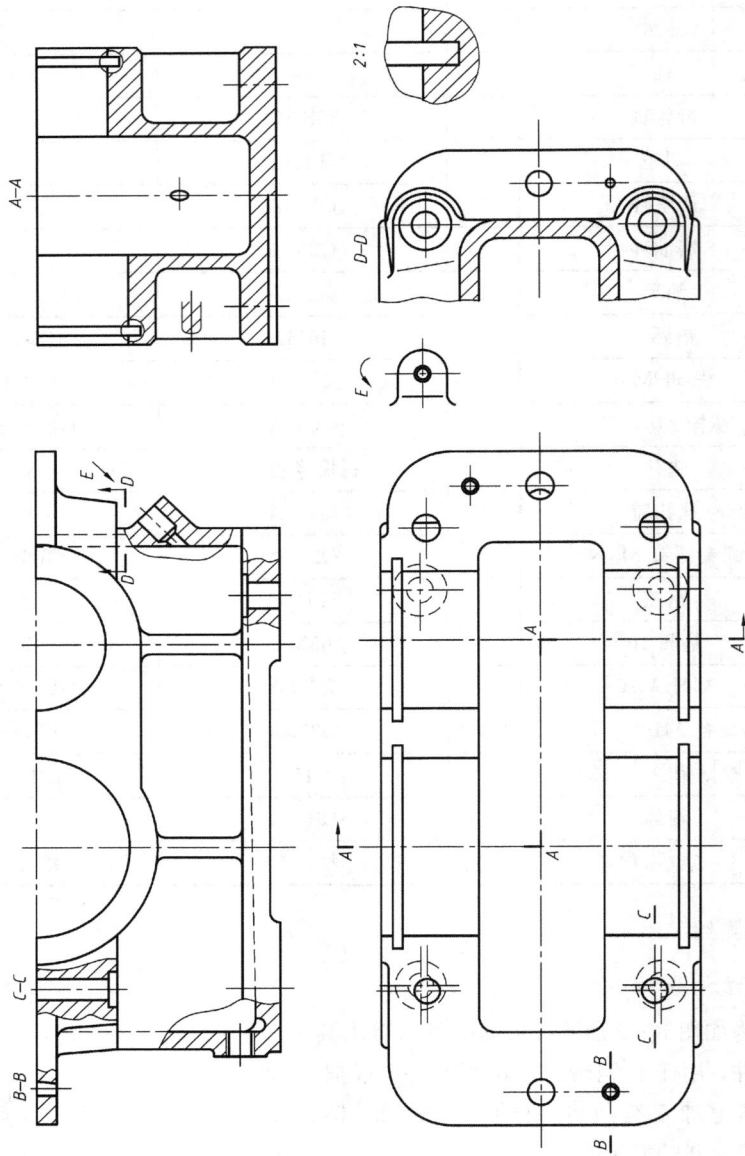

图 8-10　箱体的表达方法

3）箱体的尺寸标注

如图 8-11 所示，以 $\phi62K7$ 孔的轴线作为长度方向的主要尺寸的基准，$\phi62K7$ 与 $\phi47K7$ 孔的中心距 70 ± 0.06 是一个重要的尺寸，决定两个齿轮啮合的中心距，所以应该直接注明；宽度方向以箱体的前后对称平面为尺寸基准，标注尺寸 100，23，74，104，78，40，96 等；高度方向以箱体的底面为尺寸基准，标注尺寸 10，43，80 等。其他尺寸自行分析。

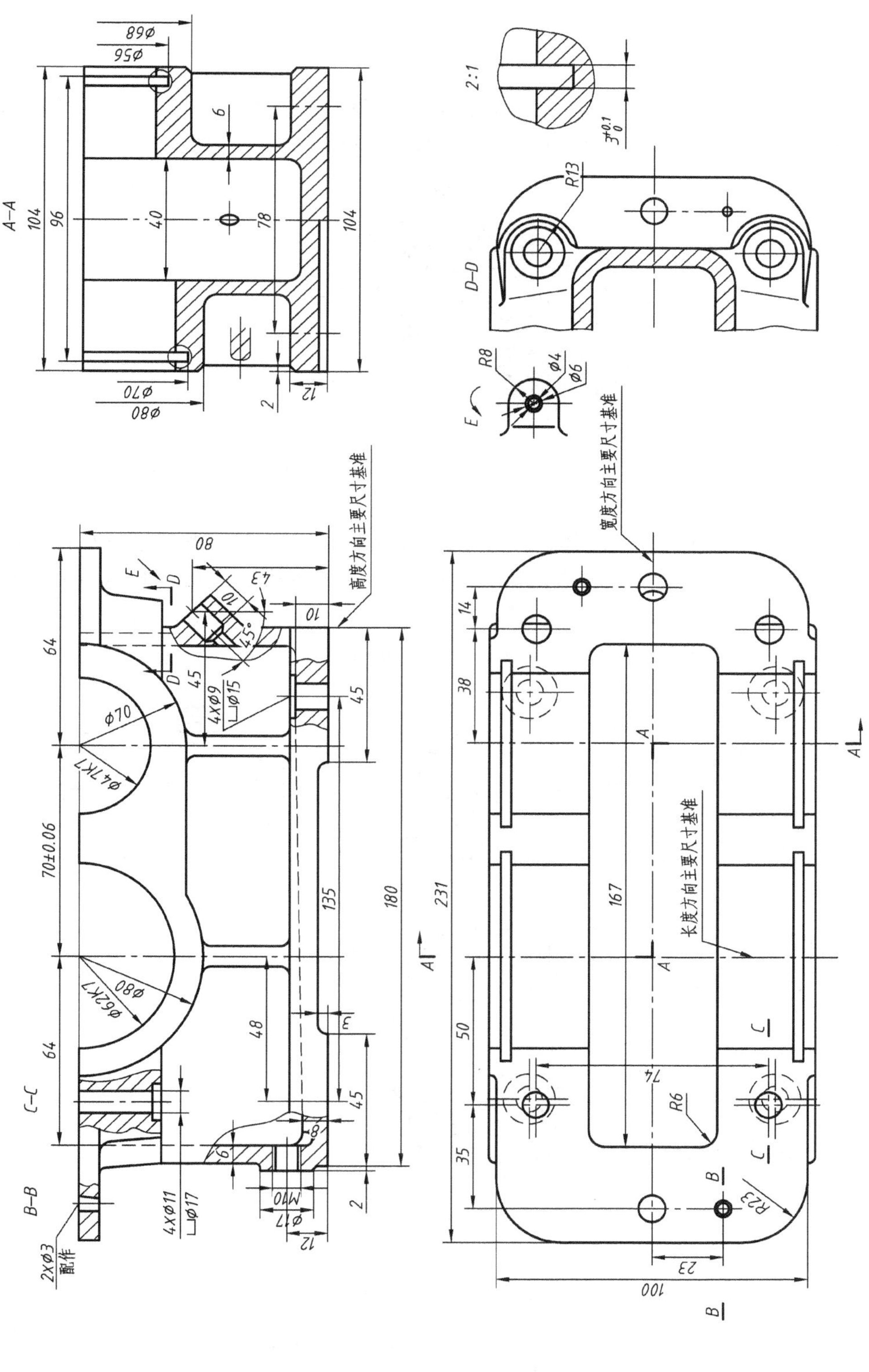

图 8-11　箱体的尺寸标注

2. 箱盖的测绘

1）箱盖的结构分析

箱盖的结构如图 8-12 所示，在图中可以看出其属于箱体类零件，用于容纳轴、齿轮等零件，根据工作的需要，其上加工有凸台、肋板、螺栓孔、销孔等结构。

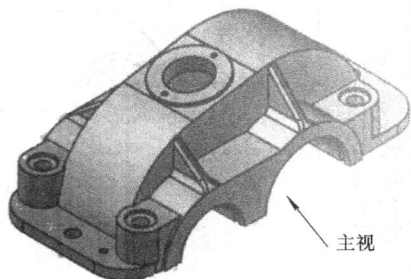

图 8-12　箱盖的结构及主视图方向的选择

2）视图选择与表达方案

以箱盖的工作位置作为主视图的投射方向，如图 8-13 所示。该图是箱盖的表达方案：主视图表达箱盖各部分的上下、左右层次关系，4 处局部剖视表达各孔、槽的内部结构；俯视图用于表达箱盖的外部形状及各组成部分的前后、左右的位置关系；左视图是用两个互相平行的剖切平面将箱盖剖开，表达箱盖上孔的内部结构。

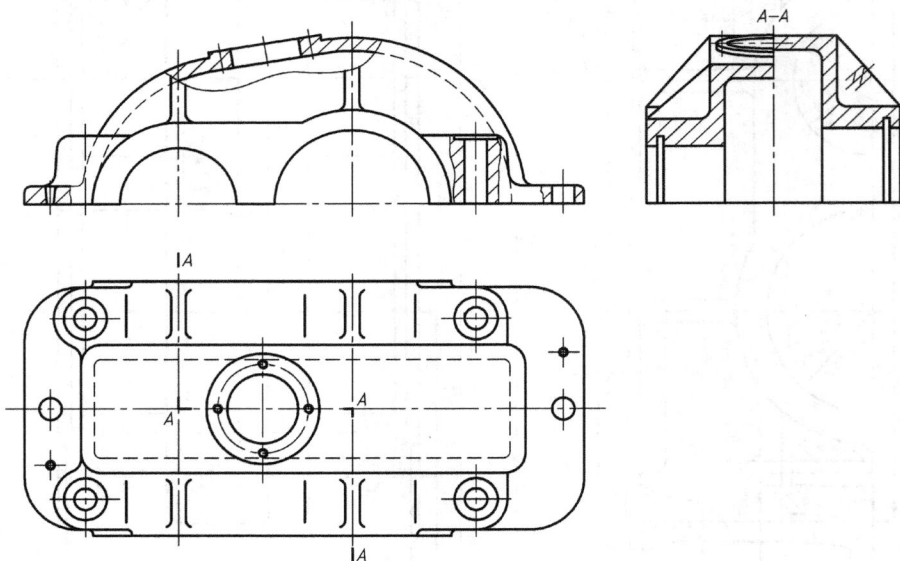

图 8-13　箱盖的表达方案

3）箱盖的尺寸标注

如图 8-14 所示，以 ϕ62K7 孔的轴线作为长度方向主要尺寸基准，ϕ62K7 与 ϕ47K7 孔的中心距 70±0.06 是一个重要尺寸，决定两个齿轮啮合的中心距，所以应该直接注明；宽度方向以箱体的前后对称平面为尺寸基准，标注尺寸 23，74、100，104，40，52 等；高度方向以箱体的底面为尺寸基准，标注尺寸 7，28，67 等。其他尺寸自行分析。

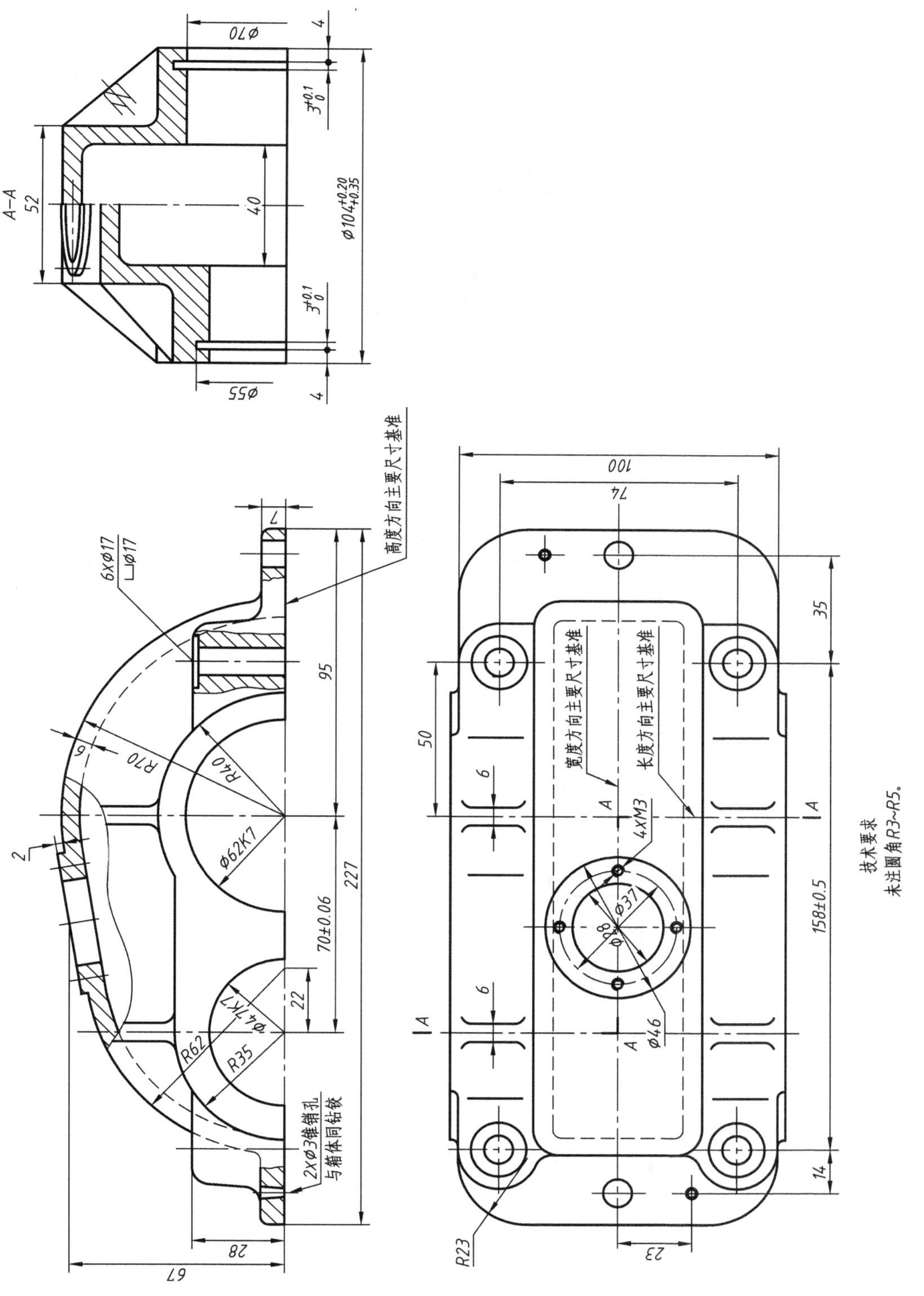

图 8 - 14 箱盖的尺寸标注

3. 齿轮的测绘

1）齿轮的结构分析

齿轮的结构如图 8-15 所示，从图中可以看出齿轮属于盘类零件，根据工作需要，其上有轮齿和键槽等结构。

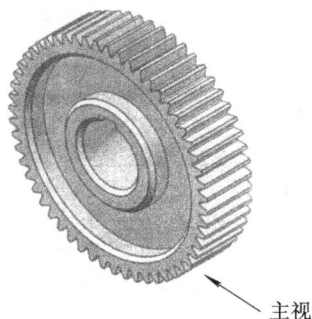

图 8-15 齿轮的结构及主视图方向的选择

2）视图选择与表达方案

以图 8-15 所示的方向作为主视图的投射方向，符合盘类零件加工位置的要求。图 8-16 是齿轮的表达方案，主视图采用全剖视图，表达齿轮轮齿部分的结构及轮毂孔的结构，局部视图主要表达键槽的结构。

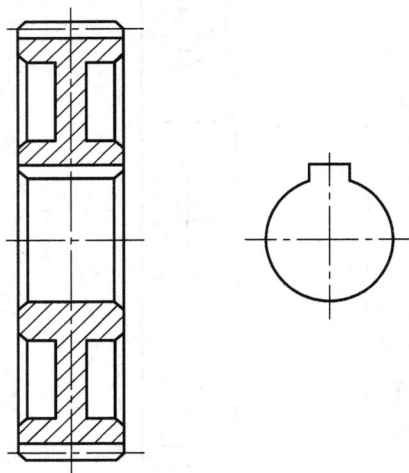

图 8-16 齿轮的表达方案

3）齿轮参数的确定及尺寸标注

齿轮参数的确定方案可参照本章项目一中的任务 2。

如图 8-17 所示，以轴线作为径向方向的尺寸基准标注径向尺寸，如 $\phi114$，$\phi110$，$\phi52$，$\phi92$，$\phi32H8$ 等；以尺寸左右对称平面作为轴向尺寸基准，标注齿轮的宽度尺寸 26 及辐板的宽度尺寸 8 等；为了测量方便，键槽的深度尺寸要标注键槽底面到轮毂孔边缘的尺寸 35.6。其他尺寸可自行定义。

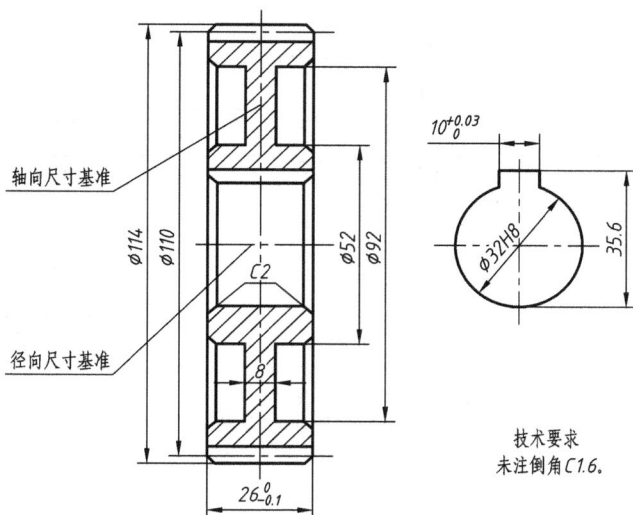

图 8-17　齿轮的尺寸标注

4. 齿轮轴的测绘

1）齿轮的结构分析

齿轮轴的结构如图 8-18 所示，从图中可以看出，齿轮轴实际由齿轮和轴两个主要部分构成，属于轴类零件，根据工作需要，其上有键槽、轮齿等结构。

2）视图选择与表达方案

以图 8-18 所示的方向作为主视图的投射方向，符合尺寸轴加工位置的要求。图 8-19 是齿轮轴的表达方案，主视图采用局部剖视图表达轮齿部分的结构，$A-A$ 移出断面图主要表达键槽的结构。

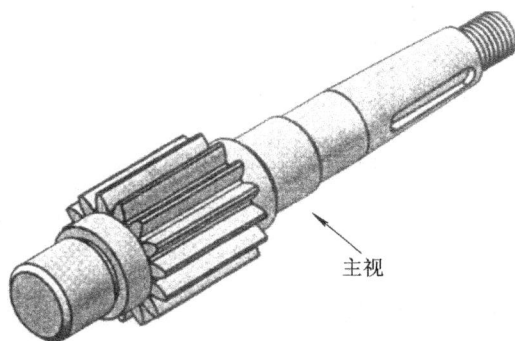

图 8-18　齿轮轴的结构及主视图方向的选择

3）齿轮参数的确定及尺寸标注

齿轮参数的确定方案可参照本章项目一任务 2。

如图 8-20 所示，以轴线作为径向尺寸基准标注径向尺寸，如 $\phi 20m6$，$\phi 24$，$\phi 30$，$\phi 34$，$\phi 18$，M12 等；以 $\phi 24$ 轴段左端面作为轴向主要尺寸基准，标注齿轮轴向尺寸 18，$2 \times \phi 18$，8。其他尺寸可自行分析。

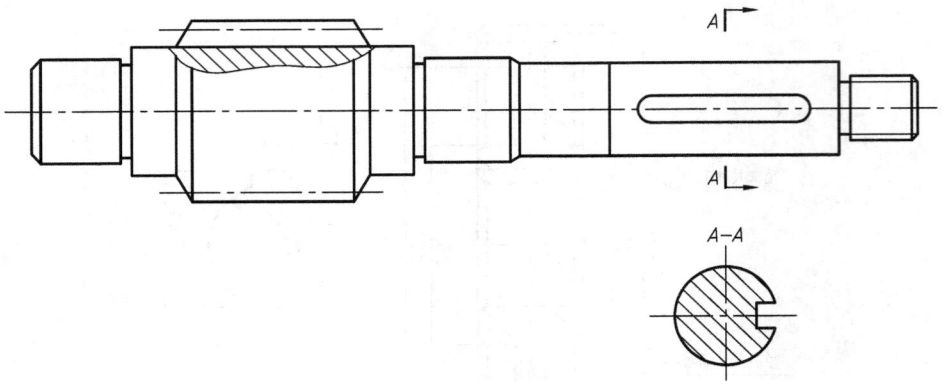

图 8-19 齿轮轴的表达方案

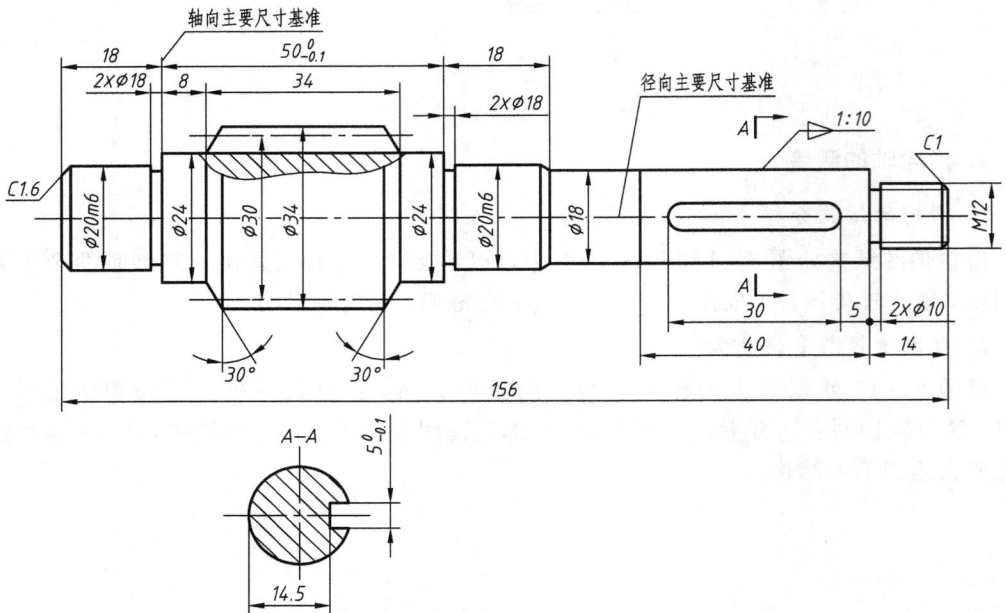

图 8-20 齿轮轴的尺寸标注

5. 从动轴的测绘

1）从动轴的结构分析

从动轴的结构如图 8-21 所示，从图中可以看出从动轴属于轴类零件，根据工作需要，其上有键槽、倒角及圆角等结构。

2）视图选择与表达方案

以图 8-21 所示的方向作为主视图的投射方向，符合从动轴加工位置的要求。图 8-22 是从动轴的表达方案：主视图表达从动轴各段的形状及键槽的位置和结构的特征，两个移出断面图表达键槽的断面结构。

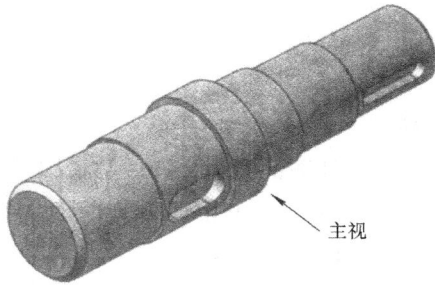

图 8-21 从动轴的结构及主视图方向的选择

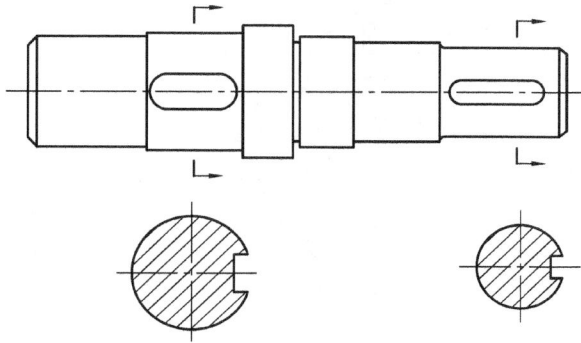

图 8-22 从动轴的表达方案

3）从动轴尺寸标注

如图 8-23 所示，以轴线作为径向尺寸基准标注径向尺寸，如 φ30m6，φ32k7，φ36 等；以 φ36 轴段左端面作为轴向主要尺寸基准，标注轴向尺寸 56，25 及键槽的定位尺寸 2 等。其他尺寸可自行分析。

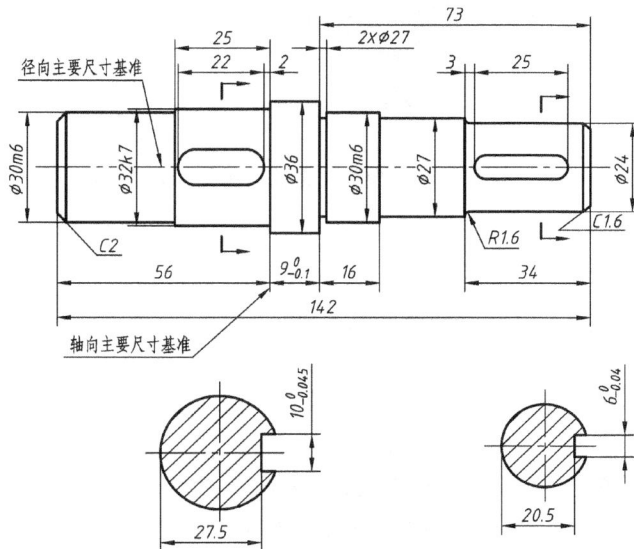

图 8-23 从动轴的尺寸标注

任务 3 画部件装配图

1. 一级直齿圆柱齿轮减速器装配图的视图选择

以图 8-24 所示的 A 向作为主视图的投射方向，主视图采用 6 处局部剖切表达螺栓、销、油尺、视孔盖等的连接关系及工作原理；俯视图采用沿箱体和箱盖结合面剖切的方法，表达主动轴和从动轴系上的零件的位置、连接关系，俯视图更清楚地表达减速器的工作原理；A 向局部视图表达减速器安装孔的结构、尺寸及螺塞的位置。

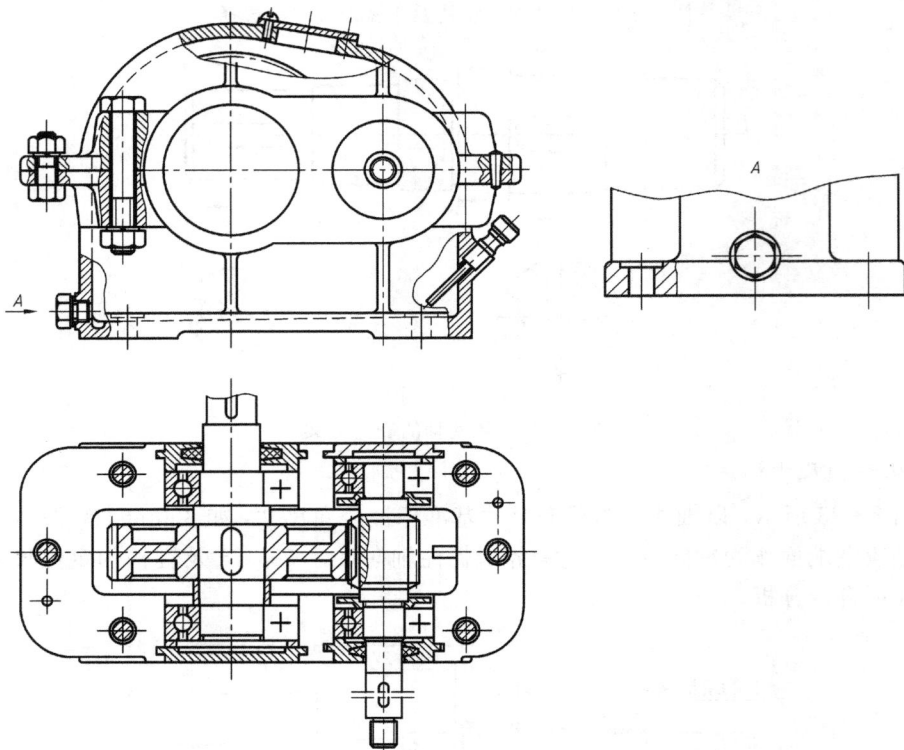

图 8-24 一级直齿圆柱齿轮减速器的表达方案

2. 装配图的画图步骤

装配图的画图步骤如下：

（1）画出各基本视图的中心线和作图基准线。

（2）画主视图中箱体和箱盖的主要轮廓。

（3）画俯视中齿轮的投影。

（4）画俯视图两轴线上各零件的投影。

（5）绘制螺栓连接、销连接、视孔盖连接、螺塞连接和油尺连接的图。

（6）注写尺寸及编写零件序号，检查核对后加深。

（7）填写标题栏和明细栏，注写技术要求。

完成的装配图如图 8-25 所示。

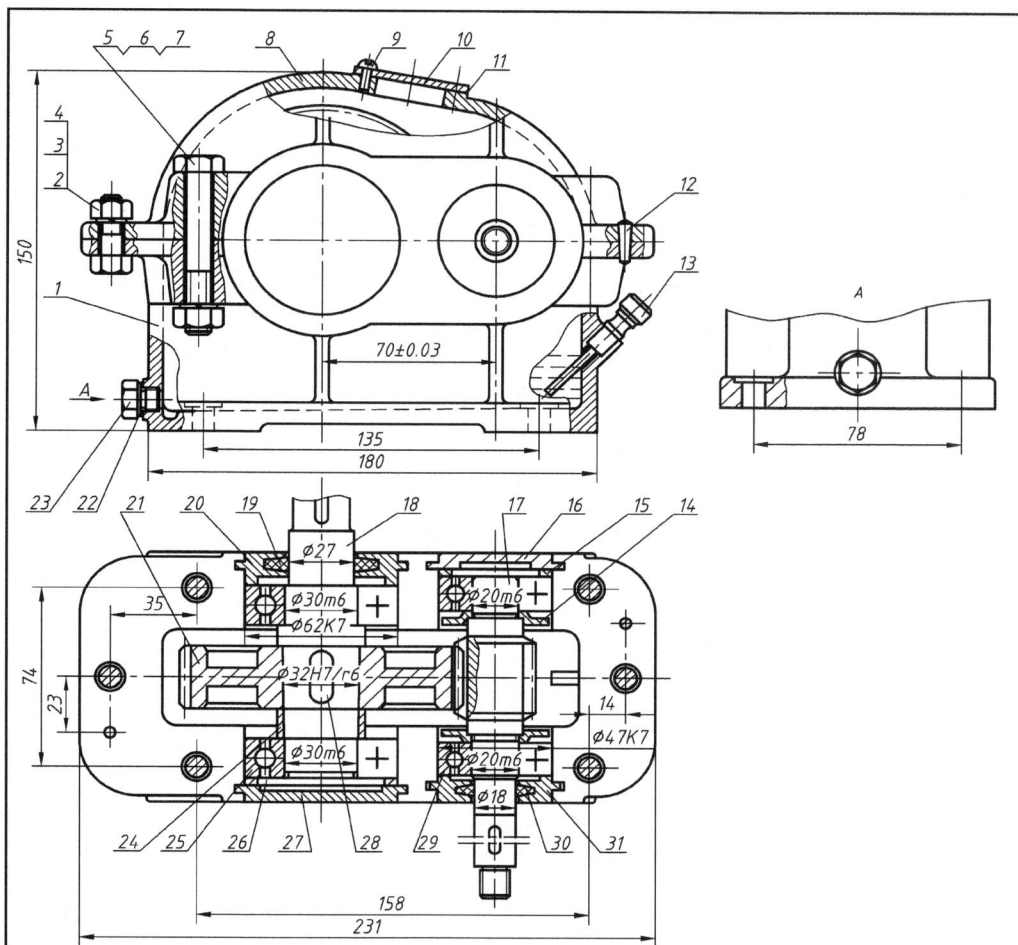

31	可通端盖	1	HT200	
30	油封	1	毛毡	
29	滚动轴承6204	2	组合件	GB/T 276-1994
28	键10x8x22	4	Q235	GB/T 1096-2003
27	端盖	1	HT200	
26	调整环	1	Q235	
25	滚动轴承6206	2	组合件	GB/T 276-1994
24	套筒	1	Q235	
23	螺塞	1	Q235	
22	垫圈	1	石棉橡胶纸	
21	齿轮	1	35SiMn	
20	可通端盖	1	HT200	
19	油封	1	毛毡	
18	从动轴	1	45	
17	齿轮轴	1	35SiMn	
16	端盖	1	HT200	
15	调整环	1	Q235	
14	挡油环	1	Q235	

13	油尺	1	Q235	
12	销 Ø3x18	2	45	GB/T 117-2000
11	垫片	1	衬垫石棉板	
10	视孔盖	1	Q235	
9	螺钉M3x10	2	4.8级	GB/T 67-2008
8	箱盖	1	HT200	
7	垫圈10	4	65Mn	GB/T 93-1987
6	螺母M10	4	8级	GB/T 6170-2000
5	螺栓M10x65	4	8.8级	GB/T 5782-2000
4	垫圈8	2	65Mn	GB/T 93-1987
3	螺母M8	2	8级	GB/T 6170-2000
2	螺栓M8x25	2	8.8级	GB/T 5782-2000
1	箱体	1	HT200	
序号	名称	数量	材料	备注

一级直齿圆柱齿轮减速器		比例		共 张	图号
		质量		第 张	
制图					
设计					
审核					

图 8-25 一级直齿圆柱齿轮减速器

任务 4　画零件图

根据装配图对零件草图进一步进行校核，然后绘制正规的零件图，根据各个零件的作用及与相关零件之间的关系，参考部件使用说明书及同类产品的相关要求，标注各个零件的技术要求。一级直齿圆柱齿轮减速器中非标准件的零件图，如图8-26～图8-31所示。

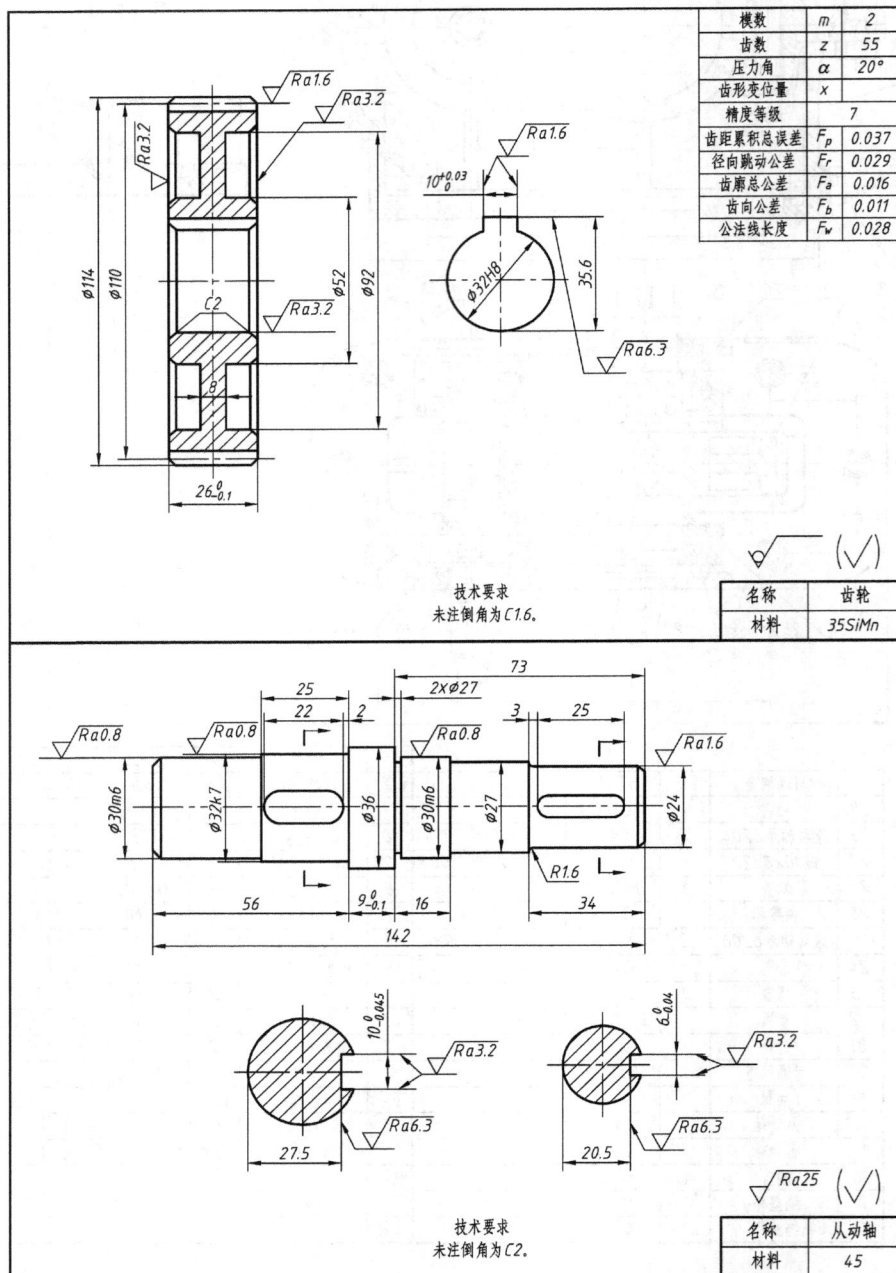

图 8-26　齿轮和从动轴的零件图

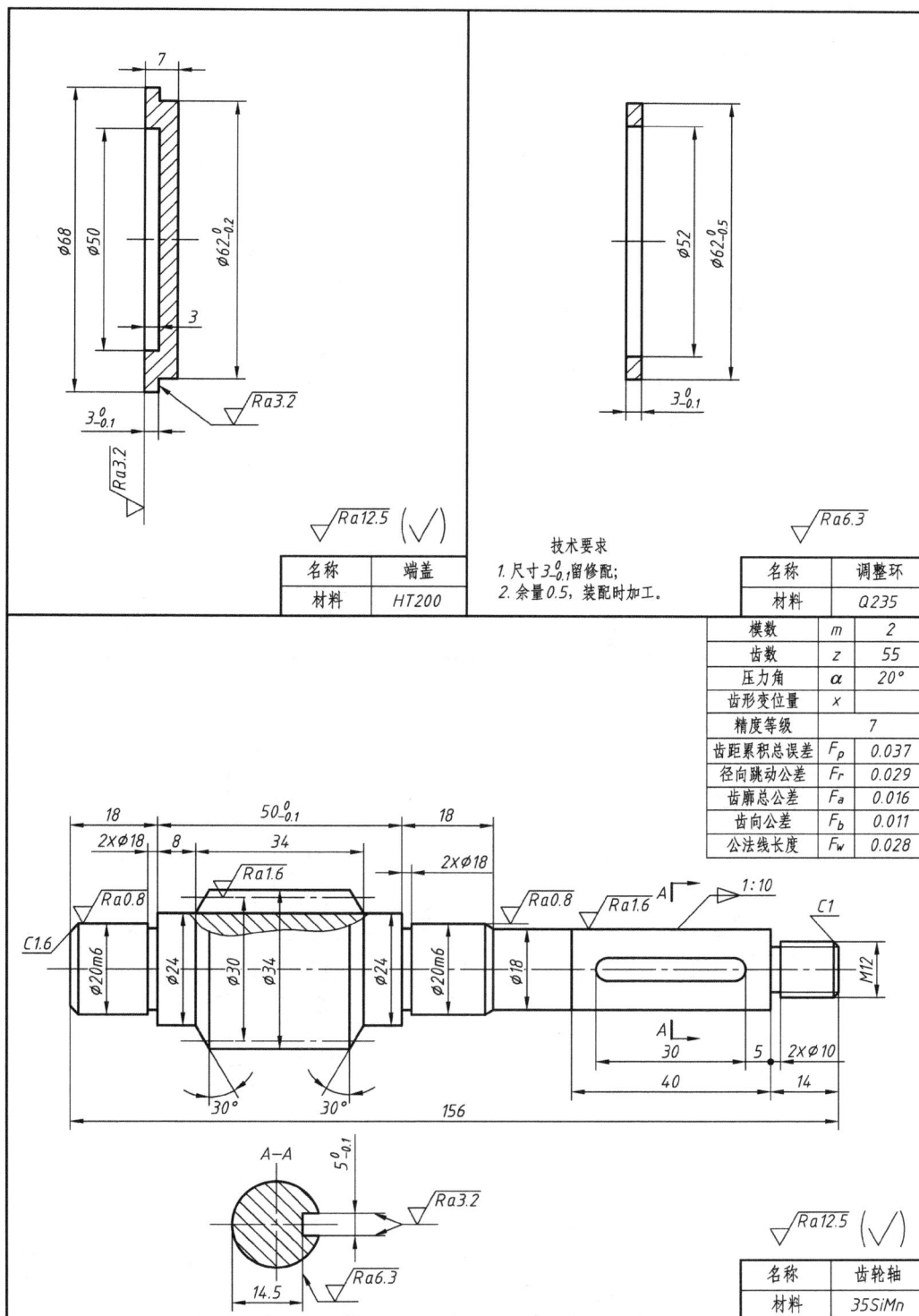

技术要求
1. 尺寸 $3_{-0.1}^{0}$ 留修配;
2. 余量 0.5, 装配时加工。

名称	端盖
材料	HT200

名称	调整环
材料	Q235

模数	m	2
齿数	z	55
压力角	α	20°
齿形变位量	x	
精度等级		7
齿距累积总误差	F_p	0.037
径向跳动公差	F_r	0.029
齿廓总公差	F_a	0.016
齿向公差	F_b	0.011
公法线长度	F_w	0.028

名称	齿轮轴
材料	35SiMn

图 8－27   端盖、调整环、齿轮轴的零件图

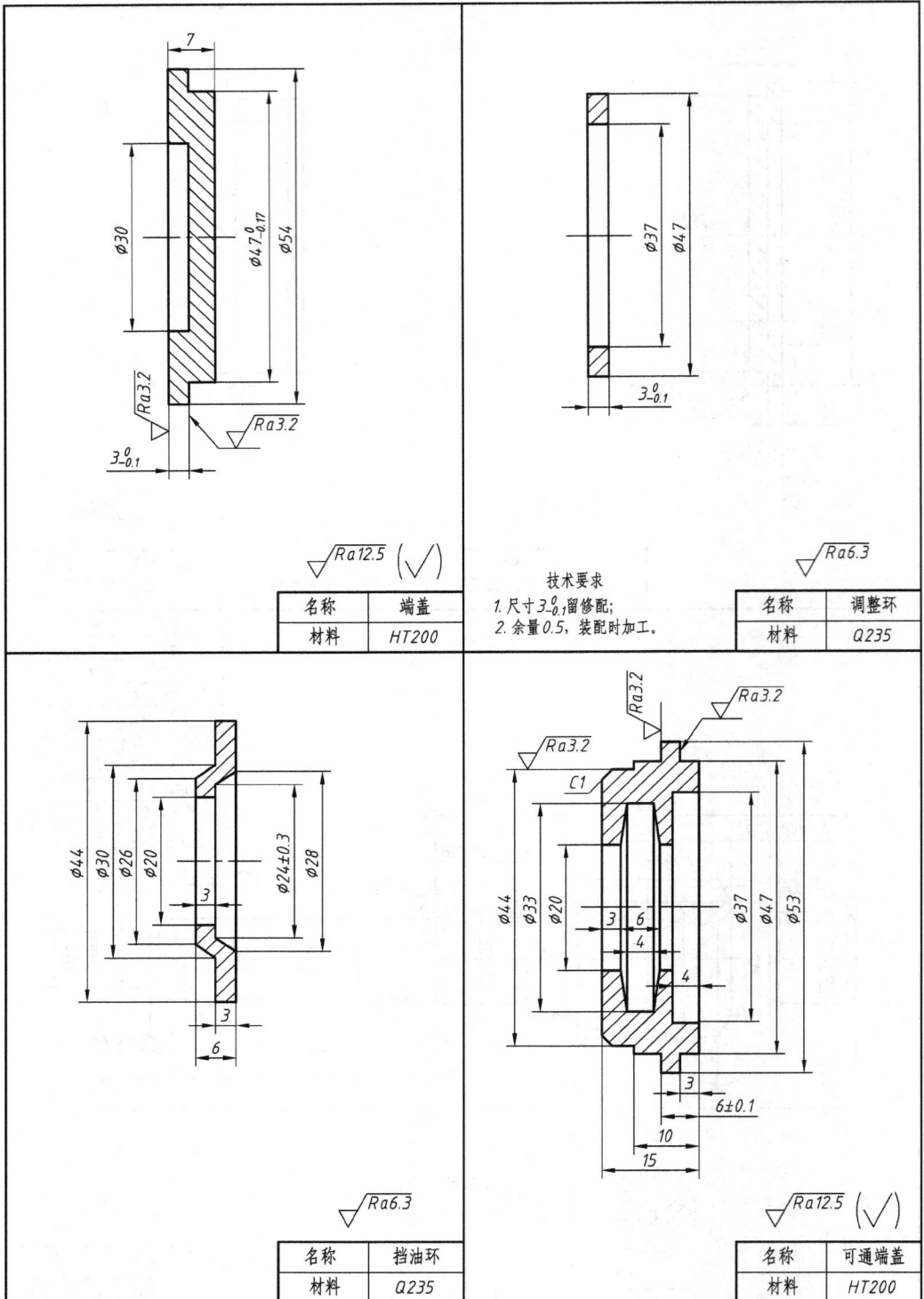

技术要求
1. 尺寸3-0.1留修配;
2. 余量0.5,装配时加工。

名称	端盖
材料	HT200

名称	调整环
材料	Q235

名称	挡油环
材料	Q235

名称	可通端盖
材料	HT200

图 8-28 端盖、调整环、挡油环、可通端盖的零件图

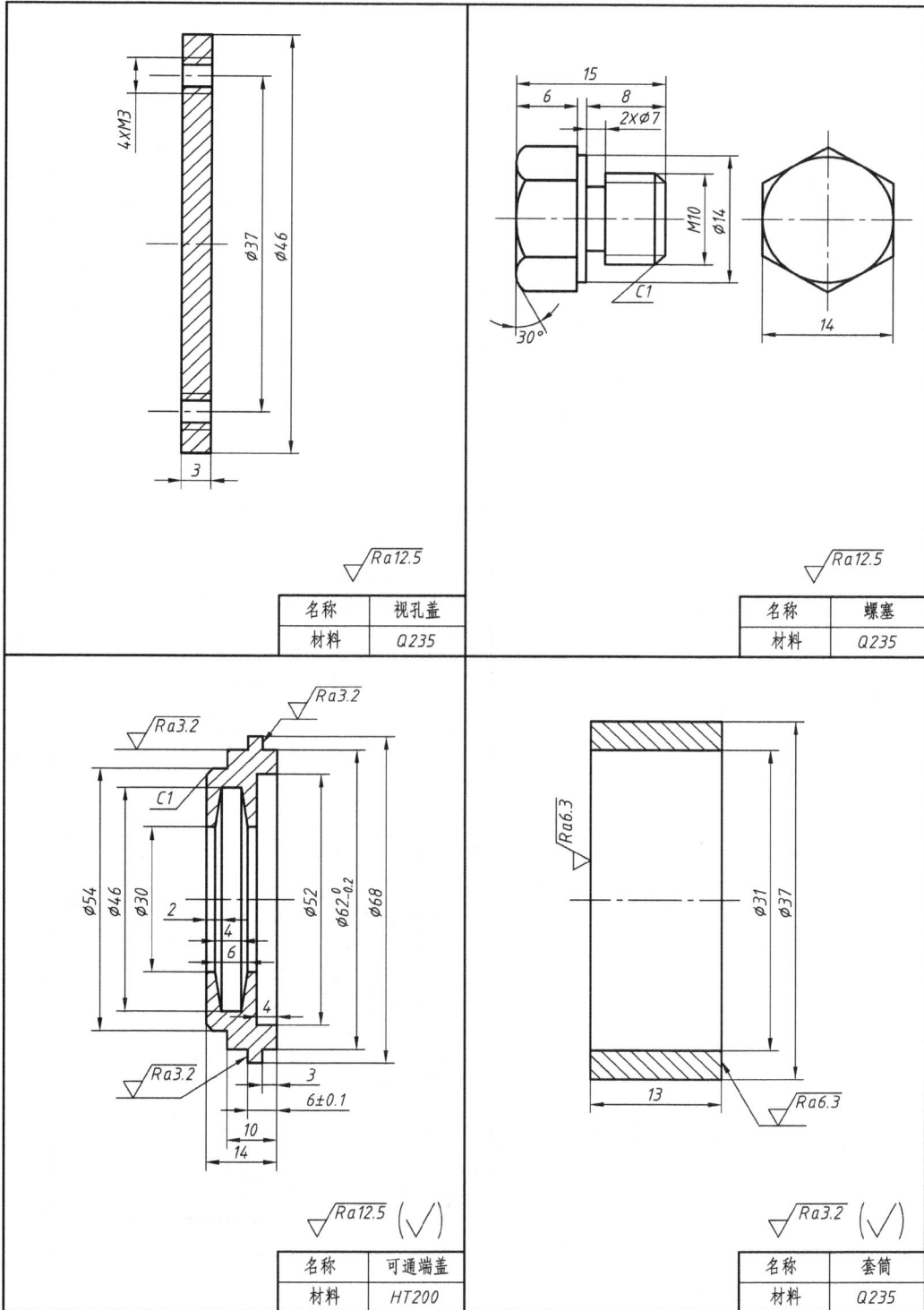

名称	视孔盖
材料	Q235

名称	螺塞
材料	Q235

名称	可通端盖
材料	HT200

名称	套筒
材料	Q235

图 8-29　视孔盖、螺塞、可通端盖、套筒的零件图

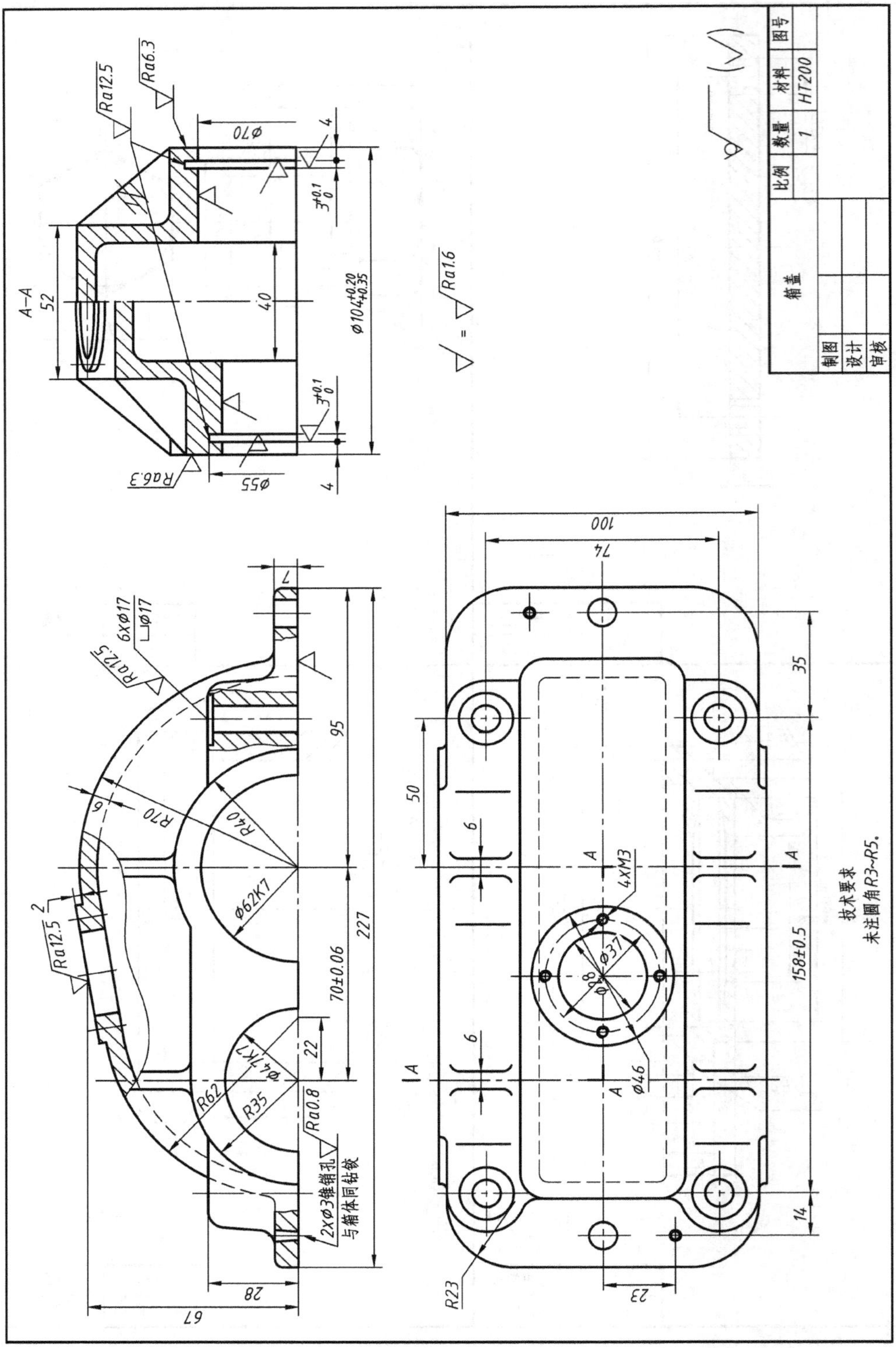

图 8-30 箱盖的零件图

技术要求
未注圆角R3~R5。

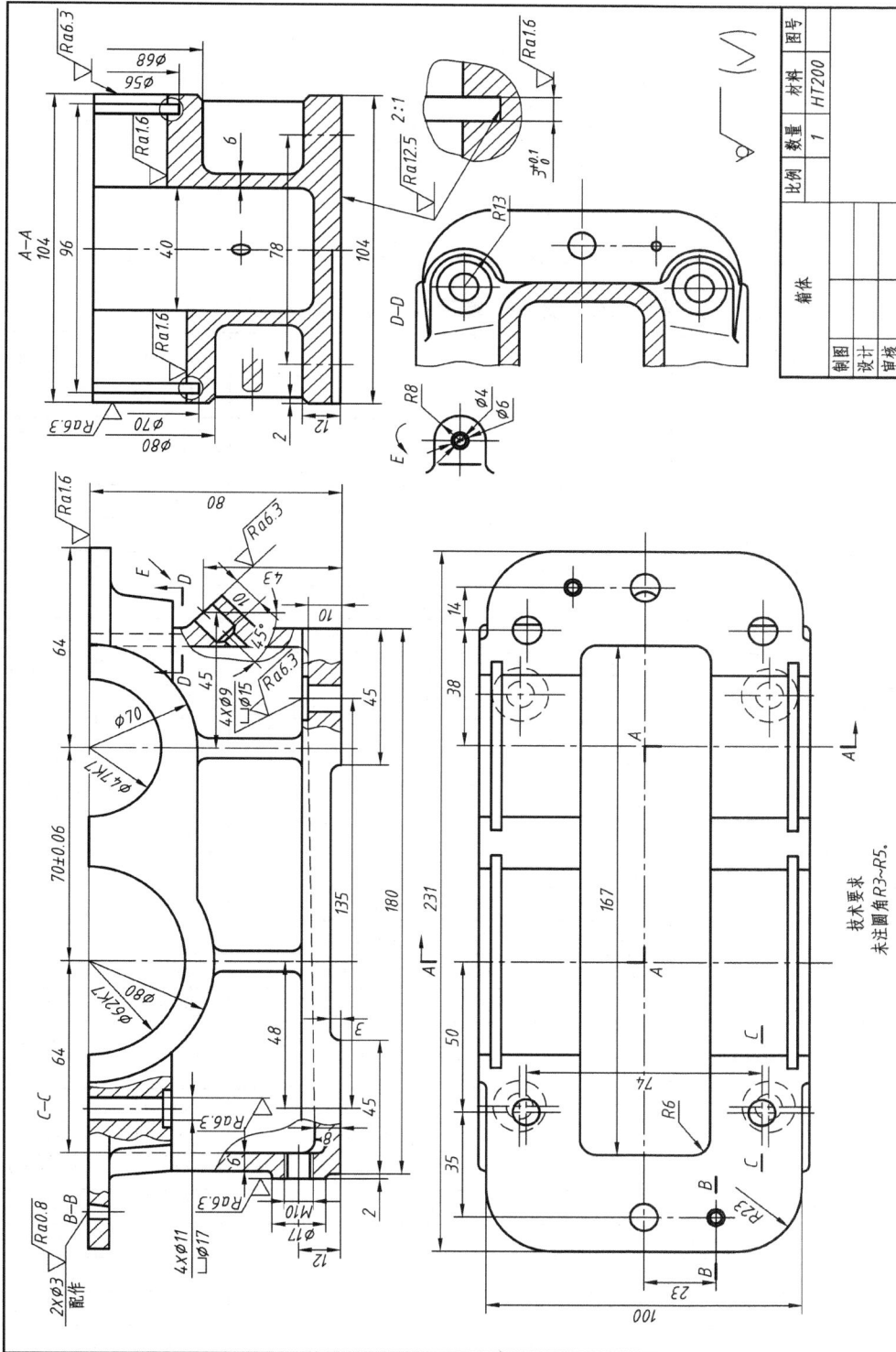

图 8-31　箱体的零件图

附　录

附录1　普通螺纹公称直径、螺距和基本尺寸(GB/T 196－1981)　　mm

公称直径 D、d		螺　距　P		粗牙中径 D_2、d_2	粗牙小径 D_1、d_1
第一系列	第二系列	粗牙	细牙		
3		0.5	0.35	2.675	2.459
	3.5	(0.6)		3.110	2.850
4		0.7		3.545	3.242
	4.5	(0.75)	0.5	4.013	3.688
5		0.8		4.480	4.134
6		1	0.75, (0.5)	5.350	4.917
8		1.25	1, 0.75, (0.5)	7.188	6.647
10		1.5	1.25, 1, 0.75, (0.5)	9.026	8.376
12		1.75	1.5, 1.25, 1, (0.75), (0.5)	10.863	10.106
	14	2	1.5, (1.25), 1, (0.75), (0.5)	12.701	11.835
16		2	1.5, 1, (0.75), (0.5)	14.701	13.835
	18	2.5	2, 15, 1, (0.75), (0.5)	16.376	15.294
20		2.5		18.376	17.294
	22	2.5	2, 1.5, 1, (0.75), (0.5)	20.376	19.294
24		3	2, 1.5, 1, (0.75)	22.051	20.752
	27	3	2, 1.5, 1, (0.75)	25.051	23.752
30		3.5	(3), 2, 1.5, 1, (0.75)	27.727	26.211
	33	3.5	(3), 2, 1.5, (1), (0.75)	30.727	29.211
36		4	3, 2, 1.5, (1)	33.402	31.670
	39	4		36.402	34.670
42		4.5	(4), 3, 2, 1.5, (1)	39.077	37.129
	45	4.5		42.077	40.129
48		5		44.752	42.587
	52	5	(4), 3, 2, 1.5, (1)	48.752	45.587
56		5.5	4, 3, 2, 1.5, (1)	52.426	50.046
	60	(5.5)		56.428	54.046
64		6		60.103	57.505
	68	6		64.103	61.505

注：(1) 公称直径优先选用第一系列，括号内的螺距尽可能不用。

　　(2) M14×1.25 仅用于火花塞。

附录2 六角头螺栓

1. 六角头螺栓

六角头螺栓—A和B级(GB/T 5782－2000)和六角头螺栓(全螺纹)—A和B级(GB/T 5783－2000)的画法和尺寸标注如下图。

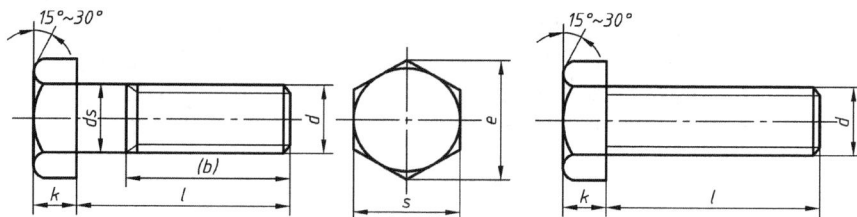

2. 标记示例

(1)螺纹规格 d＝M12,公称长度 l＝80 mm,性能等级为8.8级,表面氧化,产品等级为A级的六角头螺栓标记如下:

螺栓 GB/T 5782－2000 M12×80

(2)螺纹规格 d＝M12,公称长度 l＝80 mm,性能等级为8.8级,表面氧化,全螺纹,产品等级为A级的六角头螺栓标记如下:

螺栓 GB/T 5783－2000 M12×80

六角头螺栓的规格及基本尺寸   mm

螺纹规格	d		M8	M10	M12	M16	M20	M24	M30	M36	M42	M48
b 参考	$l \leqslant 125$		22	26	30	38	46	54	66	—	—	—
	$125 < l \leqslant 200$		28	32	36	44	52	60	72	84	96	108
	$l > 200$		41	45	49	57	65	73	85	97	109	121
k			5.3	6.4	7.5	10	12.5	15	18.7	22.5	26	30
ds_{max}			8	10	12	16	20	24	30	36	42	48
s_{max}			13	16	18	24	30	36	46	55	65	75
e_{min}	产品等级	A	14.38	17.77	20.03	26.75	33.53	39.98	—	—	—	—
		B	14.2	17.59	19.85	26.17	32.95	39.55	50.85	60.79	72.02	82.6
l 范围	GB/T 5782		40～80	45～100	50～120	65～160	80～200	90～240	110～300	140～360	160～440	180～480
	GB/T 5783		16～80	20～100	25～120	30～200	40～200	50～200	60～200	70～200	80～200	100～200
l 系列	GB/T 5782		40～65(5 进位)、70～160(10 进位)、180～400(20 进位)、l 小于最小值时,全长均制成螺纹									
	GB/T 5783		16、18、20～65(5 进位)、70～160(10 进位)、180～500(20 进位)									

注:(1)末端倒角按 GB/T2 规定。

(2)螺纹公差:6 g。

(3)机械性能等级:8.8。

(4)产品等级:A级用于 d＝1.6～24 mm 和 $l \leqslant 10\,d$ 或 $l \leqslant 150$ mm(按较小值)的螺栓。

               B级用于 $d > 24$ mm 或 $l > 10\,d$ 或 $l > 150$ mm(按较小值)的螺栓。

(5)螺纹均为粗牙。

附录 3 六 角 螺 母

1. 六角螺母

六角螺母－C 级（GB/T 41－2000）　　　Ⅰ型六角螺母－A 和 B 级（GB/T 6170－2000）

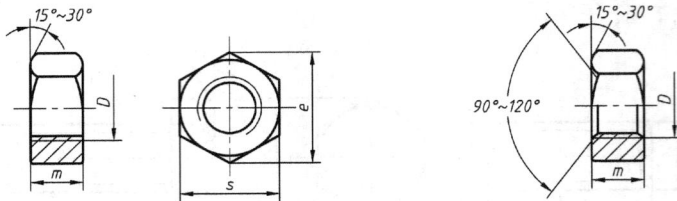

2. 标记示例

（1）螺纹规格 D＝M12，性能等级为 10 级，不经表面处理，产品等级为 A 级的Ⅰ型六角螺母标记如下：

螺母 GB/T 6170－2000　　M12

（2）螺纹规格 D＝M12，性能等级为 5 级，不经表面处理，产品等级为 C 级的六角螺母标记如下：

螺母 GB/T 41－2000　　M12

六角螺母的规格及基本尺寸　　　　　　　　　　　　mm

螺纹规格 D		M6	M8	M10	M12	M16	M20	M24	M30	M36	M42	M48
S_{max}		10	13	16	18	24	30	36	46	55	65	75
e_{min}	A、B 级	11.05	14.38	17.77	20.03	26.75	32.95	39.55	50.85	60.79	71.3	82.6
	C 级	10.89	14.2	17.59	19.85	26.17	32.95	39.55	50.85	60.79	71.3	82.6
m_{max}	A、B 级	5.2	6.8	8.4	10.8	14.8	18	21.5	25.6	31	34	38
	C 级	6.4	7.9	9.5	12.2	15.9	19	22.3	26.4	31.9	34.9	38.9

注：（1）A 级用于 $D \leqslant 16$ 的螺母；B 级用于 $D > 16$ 的螺母；C 级用于 $D \geqslant 5$ 的螺母。

（2）均为粗牙螺纹。

附录 4 平 垫 圈

1. 平垫圈

平垫圈－A 级（GB/T 97.1－2002）　　平垫圈 倒角型－A 级（GB/T 97.2－2002）

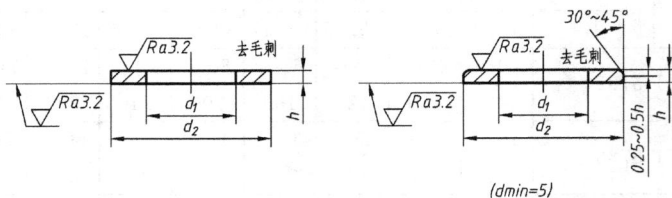

(dmin=5)

2. 标记示例

标准系列、公称尺寸 d＝80 mm，性能等级为 140HV 级，不经表面处理的平垫圈标记如下：

垫圈 GB/T 97.1－2002　　8　　140HV

平 垫 圈　　　　　　　　　　　　mm

公称尺寸 d	3	4	5	6	8	10	12	14	16	20	24	30	36
内径 d_1	3.2	4.3	5.3	6.4	8.4	10.5	13	15	17	21	25	31	37
外径 d_2	7	9	10	12	16	20	24	28	30	37	44	56	66
厚度 h	0.5	0.8	1	1.6	1.6	2	2.5	2.5	3	3	4	4	5

附录5　普通平键及键槽的尺寸(GB/T 1095～1096－1979)

1. 普通平键及键槽尺寸

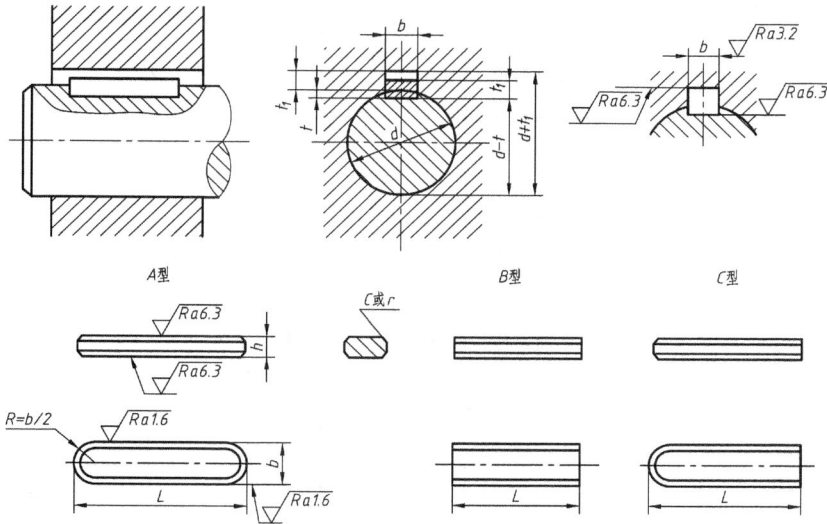

2. 标记示例

平头普通平键(B型)$b=16$ mm、$h=10$ mm、$L=100$ mm 标记如下：

键 B16×100 GB/T 1096－1979

普通平键及键槽尺寸　　　　　　　　　　　　　　　　　mm

轴径 d	键的公称尺寸			键　　槽									
				宽度 b				深　　度				半径 r	
	b	h	L	b	极限偏差			轴		毂			
					一般键连接		较紧键连接						
					轴 N9	毂 JS9	轴和毂 P9	t	极限偏差	t_1	极限偏差	最小	最大
6～8	2	2	6～20	2	−0.004 −0.029	±0.013	−0.006 −0.031	1.2	+0.1 0	1	+0.1 0	0.08	0.16
>8～10	3	3	6～36	3				1.8		1.4			
>10～12	4	4	8～45	4	0 −0.030	±0.015	−0.012 −0.042	2.5		1.8			
>12～17	5	5	10～56	5				3.0		2.3		0.16	0.25
>17～22	6	6	14～70	6				3.5		2.8			
>22～30	8	7	18～90	8	0 −0.036	±0.018	−0.015 −0.051	4.0		3.3			
>30～38	10	8	22～110	10				5.0		3.3			
>38～44	12	8	28～140	12				5.0	+0.2 0	3.3	+0.2 0		
>44～50	14	9	36～160	14	0 −0.043	±0.022	−0.018 −0.061	5.5		3.8		0.25	0.40
>50～58	16	10	45～180	16				6.0		4.3			
>58～65	18	11	50～200	18				7.0		4.4			
L 系列	6、8、10、12、14、16、18、20、22、25、28、32、36、40、45、50、56、63、70、80、90、100、110、125、140、160、180、200												

注：$(d-t)$ 和 $(d+t_1)$ 的极限偏差按相应的 t 和 t_1 的极限偏差选取，但 $(d-t)$ 的极限偏差值应取负值。

附录 6　优先配合轴的极限偏差(GB/T 1800.3—1998)　μm

基本尺寸 mm 大于	至	公差带 c 11	d 9	f 7	g 6	h 6	h 7	h 9	h 11	k 6	n 6	p 6	s 6	u 6
—	3	−60 −120	−20 −45	−6 −16	−2 −8	0 −6	0 −10	0 −25	0 −60	+6 0	+10 +4	+12 +6	+20 +14	+24 +18
3	6	−70 −145	−30 −60	−10 −22	−4 −12	0 −8	−0 −12	0 −30	0 −75	+9 +1	+16 +8	+20 +12	+27 +19	+31 +23
6	10	−80 −170	−40 −76	−13 −28	−5 −14	0 −9	0 −15	0 −36	0 −90	+10 +1	+19 +10	+24 +15	+32 +23	+37 +28
10	14	−95 −205	−50 −93	−16 −34	−6 −17	0 −11	0 −18	0 −43	0 −110	+12 +1	+23 +12	+29 +18	+39 +28	+44 +33
14	18	−95 −205	−50 −93	−16 −34	−6 −17	0 −11	0 −18	0 −43	0 −110	+12 +1	+23 +12	+29 +18	+39 +28	+44 +33
18	24	−110 −240	−65 −117	−20 −41	−7 −20	0 −13	0 −21	0 −52	0 −130	+15 +2	+28 +15	+35 +22	+48 +35	+54 +41
24	30	−110 −240	−65 −117	−20 −41	−7 −20	0 −13	0 −21	0 −52	0 −130	+15 +2	+28 +15	+35 +22	+48 +35	+61 +48
30	40	−120 −280	−80 −142	−25 −50	−9 −25	0 −16	0 −25	0 −62	0 −160	+18 +2	+33 +17	+42 +26	+59 +43	+76 +60
40	50	−130 −290	−80 −142	−25 −50	−9 −25	0 −16	0 −25	0 −62	0 −160	+18 +2	+33 +17	+42 +26	+59 +43	+86 +70
50	65	−140 −330	−100 −174	−30 −60	−10 −29	0 −19	0 −30	0 −74	0 −190	+21 +2	+39 +20	+51 +32	+72 +53	+106 +87
65	80	−150 −340	−100 −174	−30 −60	−10 −29	0 −19	0 −30	0 −74	0 −190	+21 +2	+39 +20	+51 +32	+78 +59	+121 +102
80	100	−170 −390	−120 −207	−36 −71	−12 −34	0 −22	0 −35	0 −87	0 −220	+25 +3	+45 +23	+59 +37	+93 +71	+146 +124
100	120	−180 −400	−120 −207	−36 −71	−12 −34	0 −22	0 −35	0 −87	0 −220	+25 +3	+45 +23	+59 +37	+101 +79	+166 +144
120	140	−200 −450	−145 −245	−43 −83	−14 −39	0 −25	0 −40	0 −100	0 −250	+28 +3	+52 +27	+68 +43	+117 +92	+195 +170
140	160	−210 −460	−145 −245	−43 −83	−14 −39	0 −25	0 −40	0 −100	0 −250	+28 +3	+52 +27	+68 +43	+125 +100	+215 +190
160	180	−230 −480	−145 −245	−43 −83	−14 −39	0 −25	0 −40	0 −100	0 −250	+28 +3	+52 +27	+68 +43	+133 +108	+235 +210
180	200	−240 −530	−170 −285	−50 −96	−15 −44	0 −29	0 −46	0 −115	0 −290	+33 +4	+60 +31	+79 +50	+151 +122	+265 +236
200	225	−260 −550	−170 −285	−50 −96	−15 −44	0 −29	0 −46	0 −115	0 −290	+33 +4	+60 +31	+79 +50	+159 +130	+287 +258
225	250	−280 −570	−170 −285	−50 −96	−15 −44	0 −29	0 −46	0 −115	0 −290	+33 +4	+60 +31	+79 +50	+169 +140	+313 +284
250	280	−300 −620	−190 −320	−56 −108	−17 −49	0 −32	0 −52	0 −130	0 −320	+36 +4	+66 +34	+88 +56	+190 +158	+347 +315
280	315	−330 −650	−190 −320	−56 −108	−17 −49	0 −32	0 −52	0 −130	0 −320	+36 +4	+66 +34	+88 +56	+202 +170	+382 +350
315	355	−360 −720	−210 −350	−62 −119	−18 −54	0 −36	0 −57	0 −140	0 −360	+40 +4	+73 +37	+98 +62	+226 +190	+426 +390
355	400	−400 −760	−210 −350	−62 −119	−18 −54	0 −36	0 −57	0 −140	0 −360	+40 +4	+73 +37	+98 +62	+244 +208	+471 +435
400	450	−440 −840	−230 −385	−68 −131	−20 −60	0 −40	0 −63	0 −155	0 −400	+45 +5	+80 +40	+108 +68	+159 +130	+287 +258
450	500	−480 −880	−230 −385	−68 −131	−20 −60	0 −40	0 −63	0 −155	0 −400	+45 +5	+80 +40	+108 +68	+169 +140	+313 +284

附录7　优先配合孔的极限偏差(GB/T 1800.3—1998)

μm

基本尺寸 mm 大于	至	C 11	D 9	F 8	G 7	H 7	H 8	H 9	H 11	K 7	N 7	P 7	S 7	U 7
—	3	+120 +60	+45 +20	+20 +6	+12 +2	+10 0	+14 0	+25 0	+60 0	0 −10	−4 −14	−6 −16	−14 −24	−18 −28
3	6	+145 +70	+60 +30	+28 +10	+16 +4	+12 0	+18 0	+30 0	+75 0	+3 −9	−4 −16	−8 −20	−15 −27	−19 −31
6	10	+170 +80	+76 +40	+35 +13	+20 +5	+15 0	+22 0	+36 0	+90 0	+5 −10	−4 −19	−9 −24	−17 −32	−22 −37
10	14	+205 +95	+93 +50	+43 +16	+24 +6	+18 0	+27 0	+43 0	+110 0	+6 −12	−5 −23	−11 −29	−21 −39	−26 −44
14	18	+205 +95	+93 +50	+43 +16	+24 +6	+18 0	+27 0	+43 0	+110 0	+6 −12	−5 −23	−11 −29	−21 −39	−26 −44
18	24	+240 +110	+117 +65	+53 +20	+28 +7	+21 0	+33 0	+52 0	+130 0	+6 −15	−7 −28	−14 −35	−27 −48	−33 −54
24	30	+240 +110	+117 +65	+53 +20	+28 +7	+21 0	+33 0	+52 0	+130 0	+6 −15	−7 −28	−14 −35	−27 −48	−40 −61
30	40	+280 +120	+142 +80	+64 +25	+34 +9	+25 0	+39 0	+62 0	+160 0	+7 −18	−8 −33	−17 −42	−34 −59	−51 −76
40	50	+290 +130	+142 +80	+64 +25	+34 +9	+25 0	+39 0	+62 0	+160 0	+7 −18	−8 −33	−17 −42	−34 −59	−61 −86
50	65	+330 +140	+174 +100	+76 +30	+40 +10	+30 0	+46 0	+74 0	+190 0	+9 −21	−9 −39	−21 −51	−42 −72	−76 −106
65	80	+340 +150	+174 +100	+76 +30	+40 +10	+30 0	+46 0	+74 0	+190 0	+9 −21	−9 −39	−21 −51	−48 −78	−91 −121
80	100	+390 +170	+207 +120	+90 +36	+47 +12	+35 0	+54 0	+87 0	+220 0	+10 −25	−10 −45	−24 −59	−58 −93	−111 −146
100	120	+400 +180	+207 +120	+90 +36	+47 +12	+35 0	+54 0	+87 0	+220 0	+10 −25	−10 −45	−24 −59	−66 −101	−131 −166
120	140	+450 +200	+245 +145	+106 +43	+54 +14	+40 0	+63 0	+100 0	+250 0	+12 −28	−12 −52	−28 −68	−77 −117	−155 −195
140	160	+460 +210	+245 +145	+106 +43	+54 +14	+40 0	+63 0	+100 0	+250 0	+12 −28	−12 −52	−28 −68	−85 −125	−175 −215
160	180	+480 +230	+245 +145	+106 +43	+54 +14	+40 0	+63 0	+100 0	+250 0	+12 −28	−12 −52	−28 −68	−93 −133	−195 −235
180	200	+530 +240	+285 +170	+122 +50	+61 +15	+46 0	+72 0	+115 0	+290 0	+13 −33	−14 −60	−33 −79	−105 −151	−219 −265
200	225	+550 +260	+285 +170	+122 +50	+61 +15	+46 0	+72 0	+115 0	+290 0	+13 −33	−14 −60	−33 −79	−113 −159	−241 −287
225	250	+570 +280	+285 +170	+122 +50	+61 +15	+46 0	+72 0	+115 0	+290 0	+13 −33	−14 −60	−33 −79	−123 −169	−267 −313
250	280	−620 +300	+320 +190	+137 +56	+69 +17	+52 0	+81 0	+130 0	+320 0	+16 −36	−14 −66	−36 −88	−138 −190	−295 −347
280	315	+650 +330	+320 +190	+137 +56	+69 +17	+52 0	+81 0	+130 0	+320 0	+16 −36	−14 −66	−36 −88	−150 −202	−330 −382
315	355	+720 +360	+350 +210	+151 +62	+75 +18	+57 0	+89 0	+140 0	+360 0	+17 −40	−16 −73	−41 −98	−169 −226	−369 −426
355	400	+760 +400	+350 +210	+151 +62	+75 +18	+57 0	+89 0	+140 0	+360 0	+17 −40	−16 −73	−41 −98	−187 −244	−414 −471
400	450	+840 +440	+385 +230	+165 +68	+83 +20	+63 0	+97 0	+155 0	+400 0	+18 −45	−17 −80	−45 −108	−209 −272	−467 −530
450	500	+880 +480	+385 +230	+165 +68	+83 +20	+63 0	+97 0	+155 0	+400 0	+18 −45	−17 −80	−45 −108	−229 −292	−517 −580

参 考 文 献

［1］ 刘小年，杨月英. 机械制图. 北京：高等教育出版社，2007

［2］ 何铭新，钱可强，等. 机械制图. 北京：高等教育出版社，2006

［3］ 技术制图与机械制图国家标准. 北京：中国标准出版社，2008